U0830619

绿色建筑行业
人才培养研究

郝光普　周美茹　魏茜茜 著

朱玉春　主审

燕山大学出版社

·秦皇岛·

图书在版编目（CIP）数据

绿色建筑行业人才培养研究 / 郝光普，周美茹，魏茜茜著．—秦皇岛：燕山大学出版社，2023.2

ISBN 978-7-5761-0495-0

Ⅰ．①绿…　Ⅱ．①郝…　②周…　③魏…　Ⅲ．①生态建筑－人才培养－研究　Ⅳ．①TU-023

中国国家版本馆 CIP 数据核字（2023）第 038598 号

绿色建筑行业人才培养研究

LÜSE JIANZHU HANGYE RENCAI PEIYANG YANJIU

郝光普　周美茹　魏茜茜　著

出 版 人：陈　玉
责任编辑：张　蕊　　　策划编辑：张　蕊
责任印制：吴　波　　　封面设计：刘馨泽
出版发行：燕山大学出版社 YANSHAN UNIVERSITY PRESS　　　电　　话：0335-8387555
地　　址：河北省秦皇岛市河北大街西段 438 号　　　邮政编码：066004
印　　刷：英格拉姆印刷(固安)有限公司　　　经　　销：全国新华书店

开　　本：710 mm×1000 mm　1/16　　　印　　张：10.25
版　　次：2023 年 2 月第 1 版　　　印　　次：2023 年 2 月第 1 次印刷
书　　号：ISBN 978-7-5761-0495-0　　　字　　数：154 千字
定　　价：42.00 元

前　　言

近几年，随着中国绿色建筑相关政策的不断出台、标准体系的不断完善及国家对绿色建筑项目财政支持力度的不断增大，中国绿色建筑行业发展迅速，工业化、绿色化、智慧化水平不断提高。2021年国务院关于印发《2030年前碳达峰行动方案》强调“推广绿色低碳建材和绿色建造方式，加快推进新型建筑工业化，大力发展装配式建筑”，进一步推动了绿色建筑行业大发展。同时，随着互联网信息化技术的高速发展，我国绿色建筑行业也迎来了数字化、信息化、智能化的发展大潮。

为推动绿色建筑行业高质量发展，迫切需要培养大量的高素质技术技能人才。2021年中共中央、国务院印发《关于推动城乡建设绿色发展的意见》指出：“不断提升构件标准化水平，推动形成完整产业链，推动智能建造和建筑工业化协同发展。……大力发展专业作业企业，培育职业化、专业化、技能化建筑产业工人队伍。”但从实际人才供给来看，我国绿色建筑行业存在技术技能人才紧缺的问题，急需职业教育加快培养。

本书作者参与教育部委托行业职业教育教学指导委员会项目《绿色建筑行业人才供需匹配分析谱系图》研究。项目于2020年5月启动，历时1年，在全国建材职业教育教学指导委员会指导下，由河北建材职业技术学院牵头，中国建筑节能协会、中国建筑材料联合会、建筑材料工业技术情报研究所、北京建筑大学、河北工业职业技术大学、四川建筑职业技术学院、上海城建职业技术学院、黑龙江建筑职业技术学院等来自全国的30余家绿色建筑相关企事业单位积极参与，对全国31个省（区、市）819所高职专科院校、1700余所中职院校、

11所高职本科院校及22万余家绿色建筑行业企业进行了调研。调研区域包括华东、华南、华北、华中、东北、西部等六大区域，企业业务范围涉及房地产开发、建筑工程施工总承包、建筑工程专业分包、建筑设计、建筑技术施工和产品研发、绿色建材生产、运行维护与管理等，从业人数7000余万人，数据分析具有广泛性和代表性。

在调查绿色建筑行业人才需求现状的基础上，预测了我国绿色建筑行业人才需求情况，对高职院校绿色建筑对应及相关专业设置和人才培养情况进行调查分析，根据绿色建筑行业人才需求、职业院校人才培养匹配分析和绿色建筑行业面临的问题和挑战，为服务绿色建筑行业高质量发展提出了意见和建议。

书中提到的人才供给数据主要来自教育部高等职业院校人才培养工作状态数据采集与管理平台和教育部统计数据，行业企业数据部分由中国建筑节能协会、中国建材联合会和全国建材职业教育教学指导委员会提供，有些数据来自课题组调查和预测数据。

本书为河北建材职业技术学院建设河北省高技能人才培训基地项目的成果之一。河北建材职业技术学院于2020年申报并获批了河北省高技能人才培训基地（新型建筑材料技术专业）项目的建设，并于2022年完成了该项目的建设。新型建筑材料技术专业作为绿色建筑行业对应的职业院校主要专业之一，其培养的人才为绿色建筑行业提供了新鲜血液。河北省高技能人才培训基地项目的建设涉及人才培养、专业建设、师资培养、专著编写等工作。

经过调查研究我们发现：一是绿色建筑行业技术技能人才需求规模与人才培养规模不匹配，存在人才缺口，高职本科层次技术技能人才供给矛盾突出；二是职业院校绿色建筑专业布局与产业布局基本匹配，但高职本科专业布局与产业布局匹配度较低；三是2021年新版职业本科、职业专科和中职专业目录中的专业群与企业岗位群基本匹配，专业设置基本涵盖了绿色建筑上游、中游、下游企业所需岗位群；四是专业人才培养目标明确，但职业院校的绿色建筑专业课程、教学内容与绿色建筑行业发展趋势还存在一定差距；五是专业能力素质与岗位能力素质基本匹配，但装配式建筑深化设计师、绿色建筑工程师等由于新技术发展产生的新岗位能力素质培养与企业岗位能力素养需求有一定差距；六是实习实训体系比较完善，但企业与职业院校合作深度不够，企业学院、产业学院、特色现代学徒制等高水平合作项目较少，校企合作水平有待提高。

对应的政策建议：一是建立定期评估人才培养方案制度，及时调整专业课程体系、更新教学内容；二是发挥课程思政引领作用，加强“四节一环保”职业素养培养；三是加强校企协同育人共同体建设，不断深化产教融合、校企合作；四是加快构建科学合理的绿色建筑现代职业教育体系，打通从中职、专科、本科到研究生的上升通道；五是出台相关政策，支持高职本科设置绿色建筑相关专业、扩大招生规模；六是出台相关政策，深入推进育人方式、办学模式、管理体制和保障机制改革，鼓励行业企业深度参与人才培养全程，提高绿色建筑行业企业参与职业教育的深度和广度。

目　录

第1章　绿色建筑行业研究背景

当前，实现绿色化发展是新型城镇化的核心要义和深层意涵。从总的发展态势来看，随着城镇化水平提高，人力、物质与知识等资本的集聚有效驱动了产业集聚，拉动了经济迅速增长，而城镇化建设发展模式还没有根本性改变，致使自然资源耗费巨大，生态环境破坏严重，土地利用效率低下，经济发展活力缺失。可见，新型城镇化建设实现“绿色发展时代”尚有一定距离，以资源和环境为代价的城镇化模式与新型城镇化建设理念背道而驰，是不可持续的城镇化模式，不能兼顾人与自然的发展诉求，不能体现生态文明发展理念。

提升城镇化绿色发展质量和生态宜居水平，为城镇化绿色产业发展提供理论支撑、实践示范和技术支持，进而辐射多领域产业进行绿色化变革，实现绿色建筑产业与新型城镇化建设发展的有机耦合，力图探索一条绿色建筑产业服务新型城镇化进程的需求因应、嵌入空间的现实可行的道路。

根据我国《绿色建筑评价标准》（GB/T 50378—2019），绿色建筑是指在全寿命期内，节约资源、保护环境、减少污染，为人们提供健康、适用、高效的使用空间，最大限度地实现人与自然和谐共生的高质量建筑。绿色建筑更加强调居住主体的感受，在一定程度上指明了现阶段绿色建筑的发展方向。绿色建筑评价指标体系由安全耐久、健康舒适、生活便利、资源节约、环境宜居五类指标组成。

相对传统建筑行业而言，绿色建筑行业是以绿色发展理念为指导，以保障建筑业的可持续发展、节约资源、保护环境、减少污染，为人们提供健康、适用、高效的使用空间为目标，围绕产品研发、建筑设计、建材和部品部件生产、施工、资源回收再利用等一体化协同的绿色建筑生产，用现代生产装备、现代科学技术、现代产业体系、现代管理方式经营的建筑行业。绿色建筑行业涉及国民经济行业的7个门类，25个大类，65个中类，约占国民经济产业大类的30%、中类的15%，绿色建筑产业在国民经济中起着重要的作用。

1.1 绿色建筑行业发展基本情况和主要特点

1.1.1 大力助推绿色建筑行业政策保障

“十三五”以来，我国绿色建筑的覆盖范围逐步扩大，建设水平不断提升，这都离不开相关政策与标准的推动和指引。详见表1-1。

表 1-1 绿色建筑行业相关政策

日期	政策名称	内容要点
2015年6月	《关于推进建筑信息模型应用的指导意见》	强调了BIM在建筑领域应用的重要意义，并明确了BIM的发展目标
2015年11月	《被动式超低能耗绿色建筑技术导则》	明确我国被动式超低能耗绿色建筑的定义、不同气候区技术指标，以及设计、施工、运行和评价技术要点
2016年9月	《建材工业发展规划（2016—2020）》	促进绿色建材的生产和应用，到2020年，新建建筑中绿色建材应用比例达到40%以上
2017年1月	《“十三五”节能减排综合工作方案》	实施绿色建筑全产业链发展计划，推行绿色施工方式，推广节能绿色建材、装配式和钢结构建筑
2017年2月	《关于促进建筑业持续健康发展的意见》	提升建筑设计水平，突出建筑使用功能及节能、节水、节地、节材和环保等要求
2017年3月	《建筑节能与绿色建筑发展“十三五”规划》	推动重点地区、重点城市及重点建筑类型全面执行绿色建筑标准
2017年4月	《建筑业发展“十三五”规划》	提高节能水平；全面执行绿色建筑标准；推进绿色建筑规模化发展；完善监督管理机制
2018年12月	《绿色建筑评价标准》在内的10项标准	以高标准支撑和引导我国城市建设、工程建设高质量发展
2020年7月	《绿色建筑创建行动方案》	到2022年，当年城镇新建建筑中绿色建筑面积占比达到70%，星级绿色建筑持续增加，装配化建造方式占比稳步提升，绿色建材应用进一步扩大

（续表）

日期	政策名称	内容要点
2021年1月	《绿色建筑标识管理办法》	规范绿色建筑标识，规范绿色建筑标识管理，推动绿色建筑高质量发展
2021年2月	《关于加快建立健全绿色低碳循环发展经济体系的指导意见》	开展绿色社区创建行动，大力发展绿色建筑，建立绿色建筑同意标识制度，推动社区基础设施绿色化和既有建筑节能改造
2021年3月	《国民经济和社会发展第十四个五年规划和2035远景目标纲要》	推广绿色建材、装配式建设和钢结构住宅，建设低碳城市
2021年10月	《中共中央国务院关于完整准确全面贯彻新发展理念做好碳达峰碳中和工作的意见》	大力发展节能低碳建筑，提升建筑节能低碳水平，全面推广绿色低碳建材，推动建筑材料循环利用
2022年3月	《“十四五”建筑节能与绿色建筑发展规划》	到2025年，城镇新建建筑全面建成绿色建筑，既有建筑节能改造面积3.5亿平方米，建设超低能耗、近零能耗建筑面积0.5亿平方米，新建建筑中装配式建筑比例达到30%

1.1.2 绿色建筑三个发展阶段

（1）起步发展阶段

我国绿色建筑最早可追溯到20世纪50年代，当时我国借鉴苏联和东欧各国的经验，在国内推行装配式建筑，以混凝土结构为主的装配式建筑得到快速发展。但到了80年代，由于抗震性能差，防水、隔音等问题的出现，装配式建筑发展进入低谷期。

（2）推广阶段

随着建筑节能工作的深入推进，绿色建筑重新被引入和应用。2006年6月，我国第一部《绿色建筑评价标准》（GB/T50378—2006）开始实施，掀开了我国的绿色建筑实质性发展序幕。2007年8月，建设部又出台了《绿色建筑评价技术细则（试行）》和《绿色建筑评价标识管理办法（试行）》，随后北京、天津、重庆和上海等20余个省（区、市）也相继出台了地方性绿色建筑相关标准，适合国情的绿色建筑评价体系逐步建立完善，我国绿色建筑开始在部分地区大面积推广。

（3）提速阶段

2013年初，国务院办公厅发布《关于转发发展改革委 住房城乡建设部绿色建筑行动方案的通知》（国办发〔2013〕1号，以下简称《绿色建筑行动方案》），明确提出："到2015年末，20%的城镇新建建筑达到绿色建筑标准要求。"各级政府积极引导商业房地产开发项目执行绿色建筑标准，鼓励房地产开发企业建设绿色住宅小区，引导消费者购买绿色住宅，切实推进绿色工业建筑建设。完善财政支持政策，支持绿色建筑及绿色生态城区建设等，对达到国家绿色建筑评价标准二星级及以上的建筑给予财政资金奖励。国家《绿色建筑行动方案》的发布，标志着绿色建筑正上升为国家战略高度。截至2021年底，全国城镇新建绿色建筑占当年新建建筑面积的比例达到77%，累计建成绿色建筑面积超过66亿平方米，建成节能建筑面积超过238亿平方米，节能建筑占城镇民用建筑面积比例超过63%，全国新开工装配式建筑占城镇当年新建建筑面积比例为20. 5%。

1.1.3 绿色建筑行业经济规模持续快速增长

（1）获绿色建筑评价标识项目数量大幅增长

从2008年我国正式开展绿色建筑评价标识工作开始，随着各地绿色建筑标识评价陆续展开，获得绿色建筑评价标识的项目增长迅速。特别是2013年《绿色建筑行动方案》发布以来，各级政府不断出台绿色建筑发展的激励政策，全国范围内获得绿色标识的建筑数量呈现井喷式增长态势，获得绿色建筑标识的项目数量和建筑面积实现了成倍的跳跃式增长。

据住建部数据显示，2008年全国获得绿色建筑评价标识的项目为10个，建筑面积仅为141. 22万平方米。截至2018年底，全国累计有近14000个建筑项目获得绿色建筑评价标识，其中，2018年获得绿色建筑评价标识的建筑项目3556个。到2019年底，全国累计共评出2万个绿色建筑评价标识项目，总建筑面积超过22亿平方米，项目平均增长率为1. 02%，面积的平均增长率为1. 24%。

（2）绿色建筑面积和市场规模增长迅速

近三年，我国绿色建筑面积呈现井喷式增长。2019年绿色建筑累积达50. 03亿平方米，增长率为80. 29%。占有市场规模达1. 92万亿元，增长率为27. 15%；截至2020年底，全国城镇新建绿色建筑占当年新建建筑面积比例达到77%，累计建成绿色建筑面积超过66亿平方米，累计建成节能建筑面积超过238亿平方米，节能建筑占城镇民用建筑面积比例超过63%，全国新开工装配式建筑占城镇当年新建建筑面积比例为20. 5%。2021年绿色建筑累积达350. 12亿平方米，增长率高达345. 56%。占有市场规模达3. 2万亿元，增长率为27. 49%，详见图1-1和图1-2。

当前，我国建筑行业的发展正朝着建筑现代化、工业化、集成化、信息化的方向发展，建筑部品化、绿色化、零碳化、智能化也成为重要发展方向，因此，建筑业的发展为绿色建筑行业的发展提供了广阔市场空间。

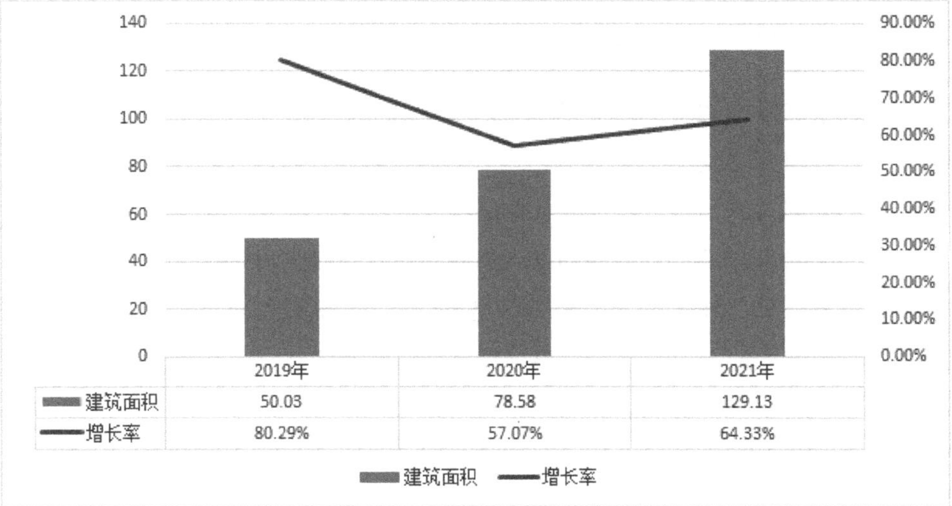

数据来源：中华人民共和国住房和城乡建设部及公开资料整理

图 1-1　2019—2021 年中国绿色建筑行业建筑面积分析

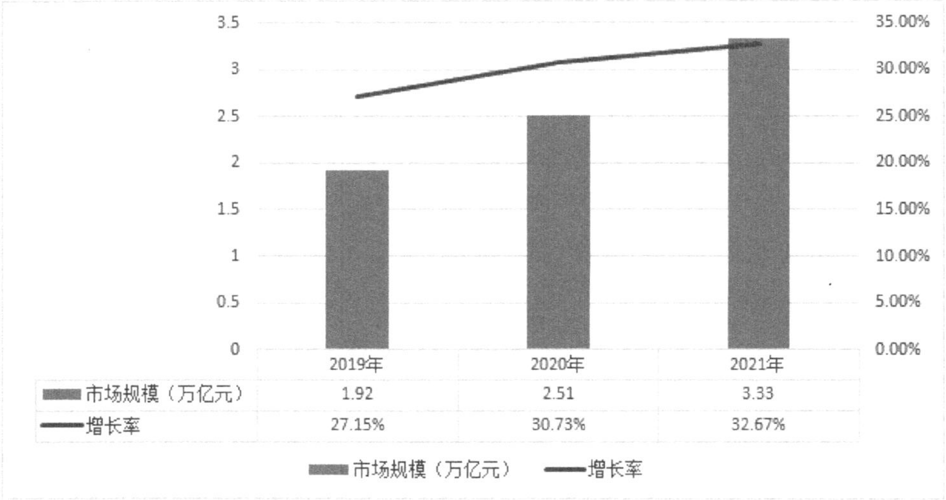

数据来源：中华人民共和国住房和城乡建设部及公开资料整理

图 1-2　2019—2021 年中国绿色建筑行业市场规模分析

1.1.4 基于循环经济的理念形成完整绿色建筑产业链

绿色建筑的全寿命周期涉及绿色环保产品和技术的研发生产，建筑物的规划设计，现有建筑物的节能改造、施工、物业运营管理，以及建筑物的报废拆除、材料的回收利用等，涉及的企业可以分为绿色建筑技术服务产业、绿色建筑制造与建造业产业、绿色建筑运营管理产业三大类，如图1-3所示。

绿色建筑科技服务业为上游绿色建筑产业，包括绿色建筑的策划和规划设计、针对环境场地以及建筑的勘察检测，针对建筑和部品材料的认证服务以及新技术、新方法、新设备、新材料的研究开发等。

绿色建筑制造与建造业为中游绿色建筑产业，包括工业化建造、绿色建材（包括建筑材料回收再利用）和设备制造以及绿色施工等。

绿色建筑配套服务业为下游绿色建筑产业，主要是指绿色运营管理，包括绿色建筑本身的节能、节水、节材和室内环境，以及以绿色建筑为载体和主体开展的绿色相关综合服务业务。

各级地方政府依托本地的资源优势，将所属地区的绿色建筑产业链做大、做强。很多地区采用“链长制”，选好链长，通过形成产业链龙头骨干企业，牵头完成本地区产业链的补链和强链工作。

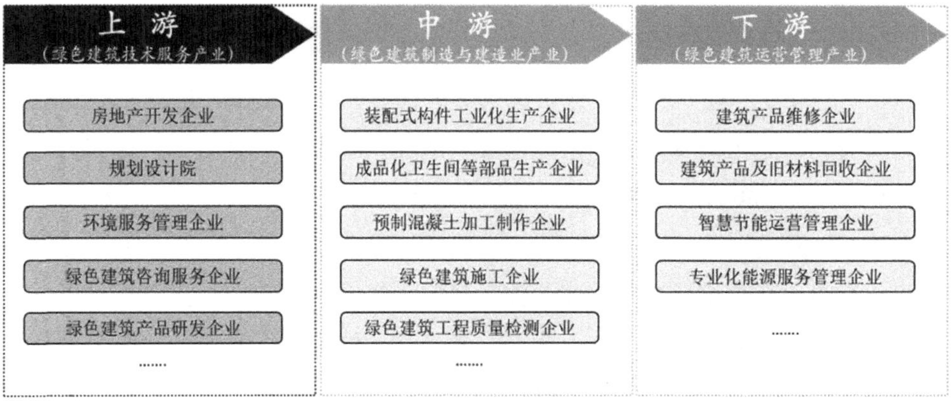

图 1-3　绿色建筑产业链

1.1.5 绿色建筑“四化”促进“四节一环保”有效实施

绿色建筑的现代化、工业化、集成化和信息化，从根本上改变了传统的规划、设计、生产、施工、管理、运维模式和手段，对实现绿色建筑规模化、高效益和可持续发展具有重要意义，促进了“四节一环保”的有效落实。

现代化是解决工业化问题的关键，增加机器生产，减少手工操作是工业化发展的必然。集成化技术的逐步提高，将会大大提升建筑的建造速度，通过优化和整合推动管道、幕墙与外墙、内墙与装饰材料，以及光伏、玻璃与幕墙等的装配化水平，最终达到全装配的终极目标。BIM技术的应用和绿色建筑全生命周期的信息建设与共享是用信息化技术把数据系统化，并建立数据库，从而在后面的项目中再发挥作用。

房地产开发等企业的绿色建筑咨询岗位、绿色建筑规划设计岗位和新型绿色建材的开发等岗位不断出现。信息化、工业化的生产模式，使得传统的架子工、模板工、钢筋工，不断升级为BIM技术员、智能设备操作工、物联网安装调试员等岗位。集成化的整体厨浴的建筑部品生产也使得传统的水电操作工、厨浴器具安装工发展为集成化设备安装工。越来越多的智能化系统和产品被运用到绿色建筑中，因此对智能化系统和产品维修工也提出了新要求。

1.1.6 绿色建筑发展为行业文化注入新内容

随着绿色建筑智能化、工业化等新技术推广应用，不仅对建筑规划、建筑设计、工程施工、建筑材料、建筑结构等方面提出了新要求，也对从事建筑工程的人员提出了更高要求。绿色建筑要求从业人员不但具有绿色环保理念，还要具有跨学科的知识和技能；既要懂结构工程和施工技术的专业知识和专业技能，又要掌握建筑设计方面的知识；同时具备通过信息化手段将建筑全过程进行整合的能力和装配式建筑技术、被动房技术等绿色建筑技术，需要团队协作完成绿色建筑物的规划与设计、生产、施工及运维工作。另外，加强团队合作与协调，激发团队的智慧与合力对于行业发展至关重要。

1.2 绿色建筑行业发展趋势与挑战

1.2.1 绿色建筑行业发展趋势

住建部发布的《“十四五”建筑节能与绿色建筑发展规划》提出，到2025年，城镇新建建筑全面建成绿色建筑，建筑能源利用效率稳步提升，建筑用能结构逐步优化，建筑能耗和碳排放增长趋势得到有效控制，基本形成绿色、低碳、循环的建设发展方式，为城乡建设领域2030年前碳达峰奠定坚实基础。到2025年，完成既有建筑节能改造面积3. 5亿平方米以上，建设超低能耗、近零能耗建筑0. 5亿平方米以上，装配式建筑占当年城镇新建建筑的比例达到30%，全国新增建筑太阳能光伏装机容量0. 5亿千瓦以上，地热能建筑应用面积1亿平方米以上，城镇建筑可再生能源替代率达到8%，建筑能耗中电力消费比例超过55%。

（1）绿色建筑行业市场稳中有升，市场不断扩大

通过近几年绿色建筑的高速发展，根据有关权威部门的预测，未来我国绿色建筑增速将逐渐趋缓，2025年我国绿色建筑市场规模将突破6. 3万亿元（见

图1-4和图1-5）。自20世纪90年代联合国在环保大会上提出“可持续发展”口号后，“可持续发展”战略越来越受到人们的关注，在社会上得到了广泛的宣传和应用，成为建筑发展的一个重要方向。目前，绿色建筑已成为21世纪建筑发展的主流，越来越受到人们的重视，市场需求增长迅速。

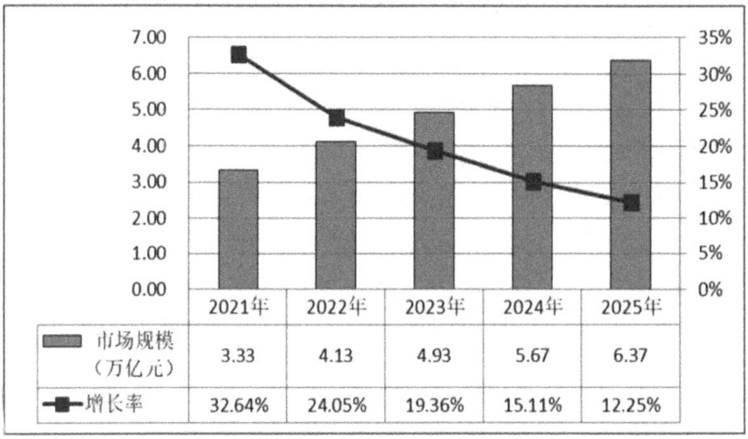

数据来源：中国绿色建筑行业现状调研与发展机遇分析报告

图 1-4　2021—2025 年中国绿色建筑行业市场规模预测

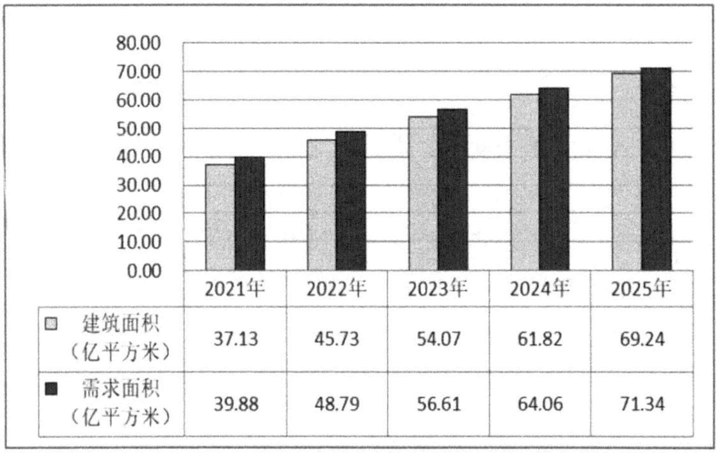

数据来源：中国绿色建筑行业现状调研与发展机遇分析报告

图 1-5　2021—2025 年中国绿色建筑行业供求预测

（2）全产业链融合一体协同发展

2020年，住建部、国家发改委、科技部等13个部门联合印发了《关于推动智能建造与建筑工业化协同发展的指导意见》（建市〔2020〕60号）（以下简称《指导意见》），指出要以大力发展建筑工业化为载体，以数字化、智能化升级为动力，创新突破相关核心技术，加大智能建造在工程建设各环节的应用，形成涵盖科研、设计、生产加工、施工装配、运营等全产业链融合一体的智能建造产业体系。为此，应该在以下四个方面加快智能建造与建筑工业化协同发展。

一是大力发展装配式建筑，推动建筑工业化升级，促进建筑业与信息化、工业化深度融合，建立以标准部品为基础的专业化、规模化、信息化生产体系。

二是加快打造建筑产业互联网平台，推进建筑业数字化转型，实现新一代信息技术与建筑业深度融合，推动智能建造与建筑工业化协同发展。

三是积极推广应用建筑机器人，促进建筑业提质增效。加大建筑机器人研发应用，有效替代人工，进行安全、高效、精确的建筑部品部件生产和施工作业，以工厂生产和施工现场关键环节为重点，加强建筑机器人应用。

四是探索适用于智能建造与建筑工业化协同发展的新型组织方式、流程和管理模式。实行工程建设项目全生命周期内的绿色建造，提高资源利用效率，减少建筑垃圾的产生。

《指导意见》明确指出，到2025年，我国智能建造与建筑工业化协同发展的政策体系和产业体系基本建立，建筑工业化、数字化、智能化水平显著提高，建筑产业互联网平台初步建立，产业基础、技术装备、科技创新能力以及建筑质量安全水平全面提升，劳动生产率明显提高，能源资源消耗及污染排放大幅下降，环境保护效应显著。

（3）借助新技术，全产业链向集成化方向发展

智能建造，即借助物联网、大数据、人工智能等先进技术，实现建筑全产业链数据集成，支持建筑全寿命周期。有以下技术热点。

绿色建筑信息化技术（BIM技术）：随着绿色建筑项目体量不断扩张，BIM技术通过参数模型整合各种项目的相关信息，在项目策划、运行和维护的全生

命周期过程中进行共享和传递。BIM作为建筑相关工具软件，它与绿色建筑的适配性不断展现。BIM技术可视化和仿真化、多维信息挂接的技术特点，在建筑设计、建造和运营全生命周期作为模拟分析与管理手段，完全符合绿色建筑的发展理念。利用BIM软件了解到更多建筑工程中的信息，通过模拟的手段，了解建筑本身对于周遭环境的影响，同时也可以了解到环境本身对于建筑能有什么影响，从而采用更加节能减排的设计方案，达到一个更加生态化的建筑设计。

绿色建筑数字化技术：随着互联网、5G等相关技术发展与成熟，在以数字技术为代表的现代科技的引领下，建筑企业开始逐渐摆脱粗放、基础、传统等标签。工业4. 0和物联网数字技术大大提高了建筑行业的生产力、效率和安全性，越来越多的建筑企业使用协作技术来连接站点和办公室团队，从质量审计到智能建筑软件，流程正朝着智慧（数字化）工地发展。未来，数字化将成为建筑行业的趋势之一。

绿色装配式建筑技术：绿色装配式建筑是建筑工业化、产业现代化发展的最重要标志，新型的绿色装配建筑体系必然在未来的建筑中被广泛应用。未来技术发展趋势是从封闭体系向开放体系转变，发展标准化的功能块，在设计上统一模数。目前，我国装配式建筑主要推广的是主体结构，未来将是装配式建筑结构和装修一体化集成发展。SI体系是将主体结构体系（skeleton）与户内装修及设备填充体系（infill）完全分离，在主体结构体系强调耐久与安全性能的同时，装修与设备注重灵活性与更新改造的方便。这种理念是指通过将住宅骨架和基本设备与住户内的装修和设备等明确分离，从而延长住宅的可使用寿命。

被动式节能技术：被动式建筑的推广作为绿色建筑的典型，也响应了中央提出的“创新、协调、绿色、开放、共享”五大发展理念。被动式建筑节能技术是指以非机械电气设备干预手段实现建筑能耗降低的节能技术，具体指在建筑规划设计中通过对建筑朝向的合理布置、遮阳的设置、建筑围护结构的保温隔热技术、有利于自然通风的建筑开口设计等，实现建筑需要的采暖、空调、通风等能耗的降低。被动式节能建筑，已然站到了世界节能建筑领域的最前沿。被动式房屋的推广作为绿色建筑的典型，是未来建筑的发展方向和必然趋势。

人工智能技术：建筑企业可以巧妙地将人工智能与其他工作技术相结合，比如建筑信息管理、传感器、可穿戴设备和其他监控工具，有便于实时做出更明智的决策，通过改进预测和施工管理降低施工成本。人工智能在建筑业拥有巨大的发展空间，将成为建筑业接下来的重要趋势之一。

绿色低碳建筑材料的应用：近年来，各类型的新颖建筑材料正在兴起，新型材料基本都自带轻质、保温、高强度、节能、节土、装饰等优良特性。建筑材料是建筑业经营发展的物质基础，材料成本在施工总成本中就占了2/3。新型建筑材料成为降低建筑成本的新方法，也是建筑业未来发展势不可挡的一种趋势。

1.2.2 绿色建筑行业面临的挑战

（1）建筑行业工业化信息化程度不高

党的十九大报告指出："支持传统产业优化升级，加快发展现代服务业，瞄准国际标准提高水平。"近年来信息产业的发展和新技术的不断涌现及应用，给各个行业尤其制造业带来了根本性的变革。作为相对传统建筑业而言的绿色建筑行业，相比其他工业门类发展缓慢，工业化信息化程度较低，生产方式粗放、劳动效率低下等问题依然存在。

（2）绿色建筑理念待提高

有些项目为了片面追求绿色建筑星级目标，根据绿色建筑评价标准要求，生搬硬套、技术堆砌，忽略建筑艺术与技术适用性，不仅造成建造成本高、运行维护难、绿色建筑实效无法显现，更严重的是易让市场产生"绿色建筑＝高科技、高成本与高星级"的误解。由于有些设计单位经验不足、咨询单位良莠不齐、施工环节缺少监管、物业单位缺乏激励等原因，导致绿色建筑运营效益不佳，造成绿色建筑行业呈现出重设计轻运营的现象。绿色建筑发展现已进入规模化发展时期，面对绿色建筑项目的井喷势态，如何做到绿色建筑质量的有效监管就成为迫切需要解决的课题。因此，要从重绿色建筑设计转变为重绿色建筑运营，从绿色单体建筑扩展为绿色生态城区，从新建建筑领域延伸到既有建筑绿色化改造，通过"绿色化＋信息化＋工业化"三化融合实现绿色建筑智造。而绿色建筑产业若要健康发展，就必须全行业、全产业、全过程协同，充分发挥政府、行业、市场和社会的各方力量，通过精细化设计、专业化运维、制度化监管，保障绿色建筑实际运营效果。充分发挥质量监督体系的权威性，实现在规划设计阶段落实绿色建筑设计理念、施工验收阶段对建设过程及效果进行把控、运行管理阶段开展建成实效分析的良性发展循环。

（3）绿色建筑复合型技术技能人才缺乏

随着我国人口红利的消失，建筑业的“招工难”“用工荒”现象已经出现，并且仍在不断加剧。除此之外，建筑业长期以来低水平低效率的粗放生产方式占主导地位，导致高素质的复合型人才缺乏，尤其是生产一线的农民工一直以无序的、散乱的、体制外的状态存在，技能水平不高等问题突出。懂土木建筑工程的，信息技术、智能化方面的知识掌握不够；懂信息技术的又缺乏土木工程专业知识，直接导致企业无法获得足够的复合型技术技能人才。

1.3 绿色建筑行业布局和重点区域发展状况

1.3.1 绿色建筑项目数量区域发展不平衡

从地区分布来看，我国绿色建筑标识项目主要集中在华东、华北和华南地区。江苏、广东、上海、陕西、山东等省市累计数量位居前五位，数量超过全国1/2，仅江苏就占全国总量的1/4。绿色建筑项目数量多的地区大多集中在东部沿海以及经济、政策等环境较好的区域。陕西省的绿色建筑发展迅猛，是前五位省区中唯一位于西部地区的省份（见图1-6）。

从我国从事绿色建筑的企业分布来看，相关企业多达4万家，主要集中在广东、四川、安徽、江苏等省市，这些省市企业数量均超过3000家，其次为山东、河北、湖北、上海、陕西、山东。

从行业市场消费区域集中度来看，住建部联合七部委发布的《绿色建筑创建行动方案》中提出：到2022年我国实现70%绿色建筑覆盖率。截至目前，已有21个省市跟进该提议，提出了各自的绿色建筑创建行动方案，承诺的绿色建筑覆盖率介于70～100%（如江苏、上海、深圳等经济发达省市）之间。目前位居国内绿色建筑发展前十的城市为北京、天津、南京、苏州、武汉、上海、成都、广州、深圳、无锡。

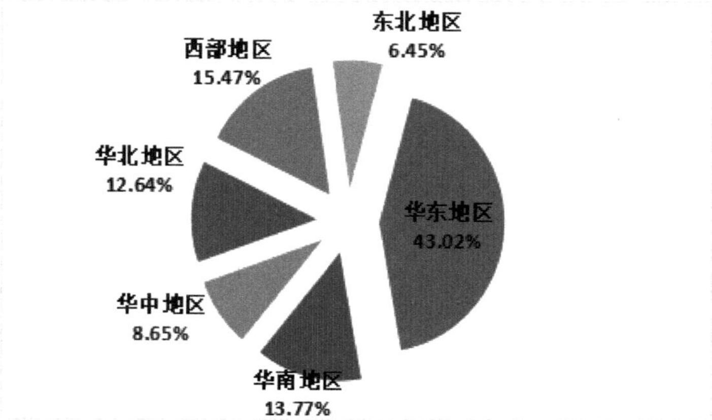

数据来源：中华人民共和国住房和城乡建设部及公开资料整理

图 1-6　2021 年中国绿色建筑项目地域分布

1.3.2 六大区域绿色建筑市场规模不均衡

东北地区：绿色建筑技术创新能力比较低，技术装备水平还比较落后，在勘察设计咨询、城市规划领域等方面还有待提高。2020年绿色建筑市场规模为1557. 90亿元，同比2019年增长34. 99%；2021年绿色建筑市场规模为2141. 40亿元，同比2020年增长37. 45%，详见图1-7。

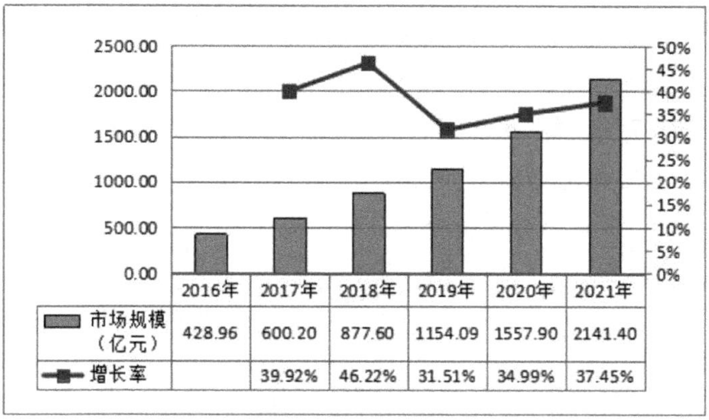

数据来源：中华人民共和国住房和城乡建设部及公开资料整理

图 1-7　2016—2021 年东北地区绿色建筑市场规模分析

华北地区：一直是我国建筑节能工作的重点地区，目前仍然普遍存在建筑保温隔热性能差、采暖系统热效率低、供热不按计量收费等突出问题。据统计，华北地区城市中的土地、能源、水、材料等资源消耗，以及污水、垃圾等污染物排放，约50%由建筑产生。抓住了绿色建筑这个龙头，也就抓住了节能减排的关键。2020年绿色建筑市场规模为3161. 28亿元，同比2019年增长31. 36%；2021年绿色建筑市场规模为4196. 48亿元，同比2020年增长32. 75%，详见图1-8。

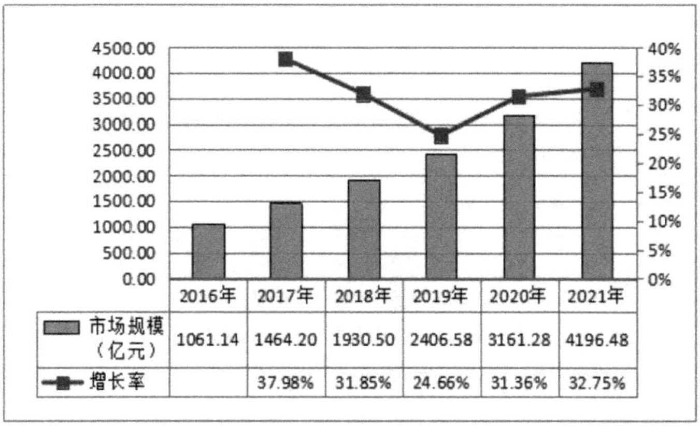

数据来源：中华人民共和国住房和城乡建设部及公开资料整理

图 1-8　2016—2021 年华北地区绿色建筑市场规模分析

华东地区：整体经济发展水平较高，因建筑业的发展离不开经济基础的支撑，使得华东地区成为我国绿色建筑建设项目最多的地区。2020年绿色建筑市场规模为10866. 74亿元，同比2019年增长30. 29%；2021年绿色建筑市场规模为14282. 64亿元，同比2020年增长31. 43%，详见图1-9。

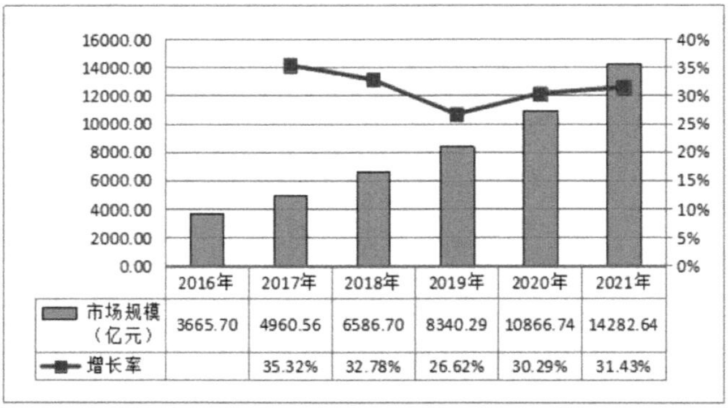

数据来源：中华人民共和国住房和城乡建设部及公开资料整理

图 1-9　2016—2021 年华东地区绿色建筑市场规模分析

华中地区：华中地区为我国建筑业的中坚力量，发展优势显著。2020年绿色建筑市场规模为2154. 02亿元，同比2019年增长32. 01%；2021年为2871. 80，同比2020年增长33. 32%，详见图1-10。

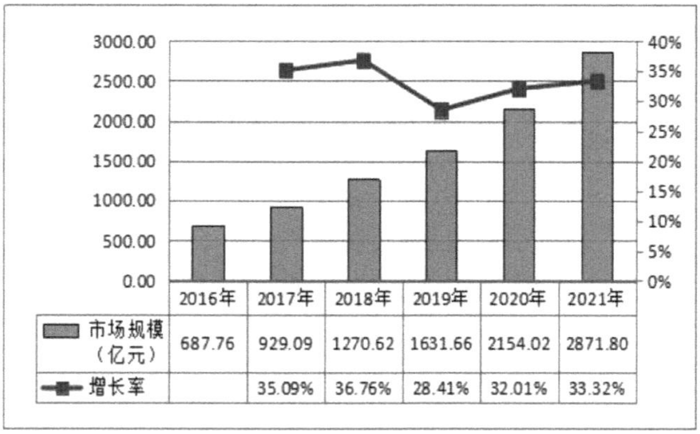

数据来源：中华人民共和国住房和城乡建设部及公开资料整理

图 1-10　2016—2021 年华中地区绿色建筑市场规模分析

华南地区：建筑业多年来一直是华南地区支撑经济、社会持续快速发展，形成固定资产和城市基础设施的中坚产业。2016年华南地区绿色建筑市场规模为1250. 72亿元，2020年为3509. 29亿元，同比2019年增长28. 13%，详见图1-11。

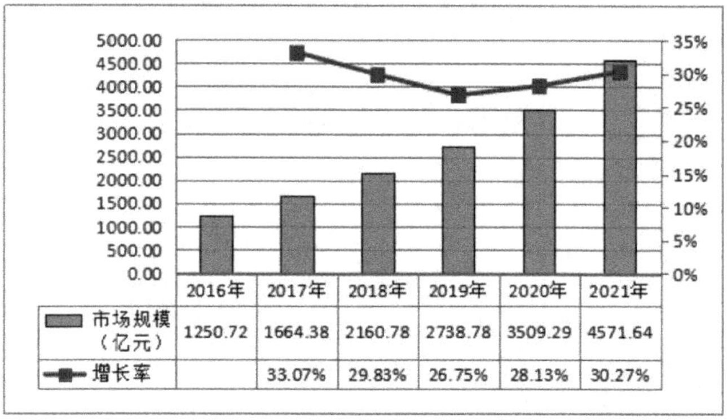

数据来源：中华人民共和国住房和城乡建设部及公开资料整理

图 1-11　2016—2021 年华南地区绿色建筑市场规模分析

西部地区：占有全国71%的国土面积和28%的人口，在我国绿色建筑发展的总体版图中占有重要地位。2016年西部地区绿色建筑市场规模为1205. 72亿元，2020年为3850. 77亿元，同比2019年增长31. 49%，详见图1-12。

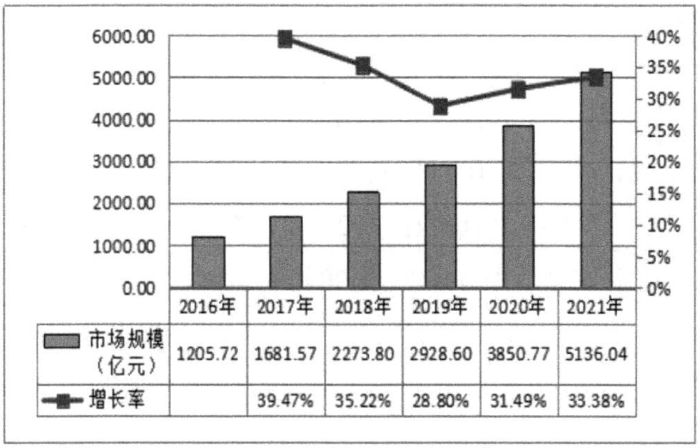

数据来源：中华人民共和国住房和城乡建设部及公开资料整理

图 1-12　2016—2021 年西部地区绿色建筑市场规模分析

第2章　绿色建筑行业技术技能人才队伍现状与需求分析

2.1 绿色建筑行业基本情况

建筑业作为我国国民经济的基础行业之一，近年来一直呈现蓬勃发展的趋势。在新一轮的经济周期中，中国国民经济的增速趋缓，但建筑业始终保持较高的增长态势。除2015年我国建筑业总产值较上年仅增长了2.29%外，其余年份均保持了较快增长，中国建筑业总产值在过去5年内的平均增速超过了近几年中国国内生产总值的增长速度。

依据对“智研咨询”的“2020年建筑业总产值排行榜单”的调研结果，可以看出以下几点：（1）2020年，全国有9个省市的建筑业总产值超过10000亿元，特别是山东，以其超10万亿元的产值领跑全国，江苏总产值也遥遥领先于其他各省市，居于榜单TOP2；（2）9个省市总产值在5000亿～10000亿元之间，8个地区总产值在1000亿～5000亿元之间，4个地区总产值在1000亿元以下；（3）从上榜企业个数来看，江苏、山东、浙江排名前三，江苏的企业数量多于山东，产值却不及山东；（4）湖北人均竣工产值最高，为326161元/人，上海以320068元/人紧随其后，位居第二，上海人均施工面积最多，为433. 9平方米/人，北京、湖北分别以414. 8平方米/人和397. 4平方米/人紧随其后。详见表2-1和图2-1。

表 2-1　2020 年建筑业总产值排行榜单

排名	地区	总产值（亿元）	企业数量（个）	从事建筑业活动的人员平均数（万人）	按建筑业总产值计算的劳动生产率（元/人）	人均竣工产值（元/人）	人均施工面积（m²/人）	人均竣工面积（m²/人）
1	山东	149473.0	8081	305.9	488612	209642.0	281.6	69.7
2	江苏	35251.6	11000	974.0	361942	261644.0	274.6	79.9
3	浙江	20938.6	8004	581.9	359809	189879.0	310.7	70.0
4	广东	18429.7	7587	372.8	494388	170701.0	246.5	51.7
5	湖北	16136.1	4632	214.6	752086	326161.0	397.4	123.8
6	四川	15612.7	7067	456.2	342207	146641.0	148.3	49.5
7	福建	14117.8	6772	493.5	286101	122018.0	167.3	36.9
8	河南	13122.6	7413	310.0	423340	193260.0	212.8	62.6
9	北京	12905.9	2503	213.6	604213	236319.0	414.8	44.9
10	湖南	11863.8	3335	303.0	391507	186740.0	224.3	70.1
11	安徽	9365.1	5692	204.5	458066	165644.0	241.5	70.6
12	重庆	8975.0	3335	244.5	367064	153834.0	155.9	57.5
13	江西	8649.2	3751	177.2	488057	219100.0	193.2	78.5
14	陕西	8501.1	3416	168.7	504020	185777.0	222.7	43.3
15	上海	8277.0	2365	124.0	667640	320068.0	433.9	65.7
16	云南	6724.8	3449	187.4	358947	120763.0	107.4	33.3
17	河北	5948.1	2940	98.5	604025	232615.0	356.3	74.3
18	广西	5853.2	1913	145.4	402603	179745.0	197.4	57.1
19	山西	5113.6	3357	121.3	421446	152710.0	164.5	40.8
20	天津	4388.2	1931	111.6	393295	110636.0	136.5	22.0
21	贵州	7080.2	1770	93.7	435615	152550.0	183.3	42.2
22	辽宁	3816.2	5638	79.2	481816	238718.0	205.0	50.8
23	新疆	2693.1	1487	64.6	416649	178444.0	152.9	59.0
24	甘肃	2049.3	1827	53.2	384944	142681.0	204.8	44.8
25	吉林	2005.8	2511	37.7	532402	284245.0	224.2	76.8
26	黑龙江	1206.4	2237	35.3	341327	132972.0	93.0	26.1
27	内蒙古	1134.4	1014	24.0	473094	198647.0	292.6	58.8
28	宁夏	641.8	654	21.2	302575	150893.0	99.4	35.7
29	青海	512.2	383	9.8	521494	204704.0	94.4	36.2
30	海南	391.4	250	7.9	498607	231236.0	232.3	38.2

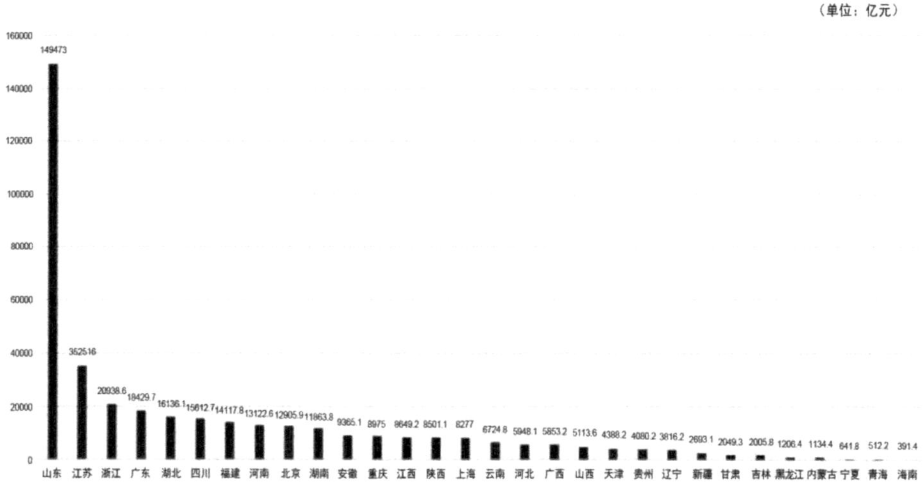

图 2-1　2020 年建筑业总产值统计图

2.1.1 企业分布

本次调研区域包括华东、华南、华北、华中、东北、西部六大区域，企业业务范围涉及房地产开发企业、建筑施工总承包企业、建筑专业分包施工企业、建筑设计企业、建筑研发（咨询）企业、绿色建材生产企业，共计262家企业。其中，大型企业47个；中型企业170个；小型企业45个。企业分布如表2-2、图2-2所示。

表 2-2　调研企业类别与数量

序号	企业类别	企业数量（个）	企业占比（%）
1	房地产开发企业	40	15
2	建筑施工总承包企业	61	23
3	建筑专业分包施工企业	77	30
4	建筑设计企业	34	13
5	建筑研发（咨询）企业	13	5
6	绿色建材生产企业	37	14
合计		262	

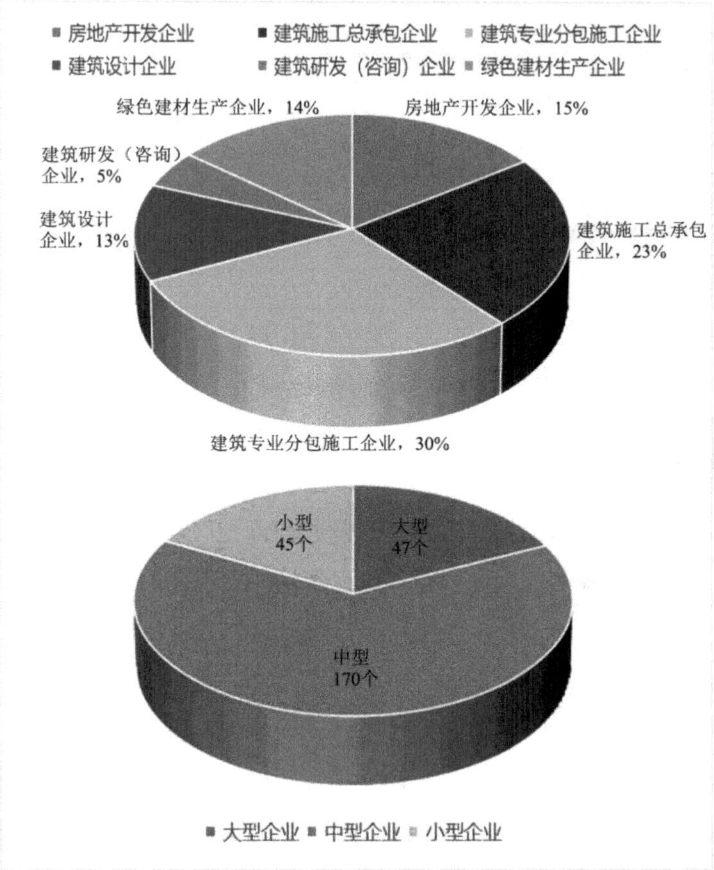

图 2-2　企业业务及规模布局

从我国绿色建筑企业分布来看，相关企业多达4万家，主要集中在江苏、浙江、广东、湖北、四川等省市，这些省市绿色建筑企业数量均超过3000家，其次为山东、福建、河南、北京、湖南。目前国内绿色建筑发展规模排在前十位的城市为北京、天津、南京、苏州、武汉、上海、成都、广州、深圳、无锡。如图2-3所示。

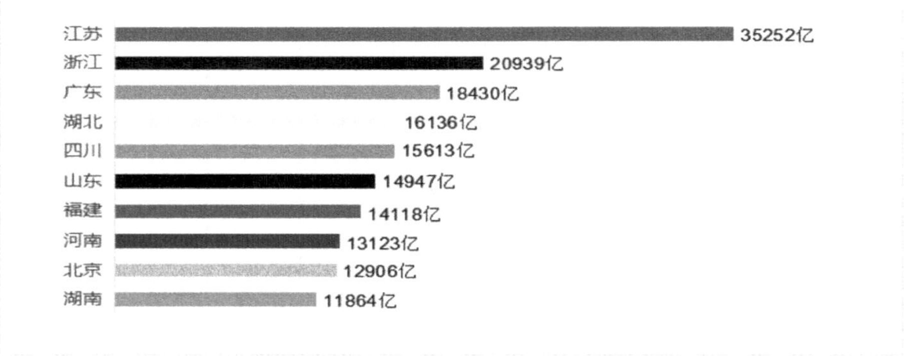

图 2-3　绿色建筑行业企业规模 TOP10

2.1.2 绿色建筑企业岗位群调研情况

对东北、华北、华东、华南、华中及西部六大区域的41个绿色建筑及相关企业进行了岗位群调研，如深圳蓝波绿建集团股份有限公司等，各企业大类的岗位群分布如下。

房地产开发企业：土建工程师、水暖工程师、电气工程师、市政工程师、土建造价师、安装造价师、BIM工程师、投资专员、招投标专员、资产管理专员、合同管理专员、策划专员、营销专员等。如图2-4所示。

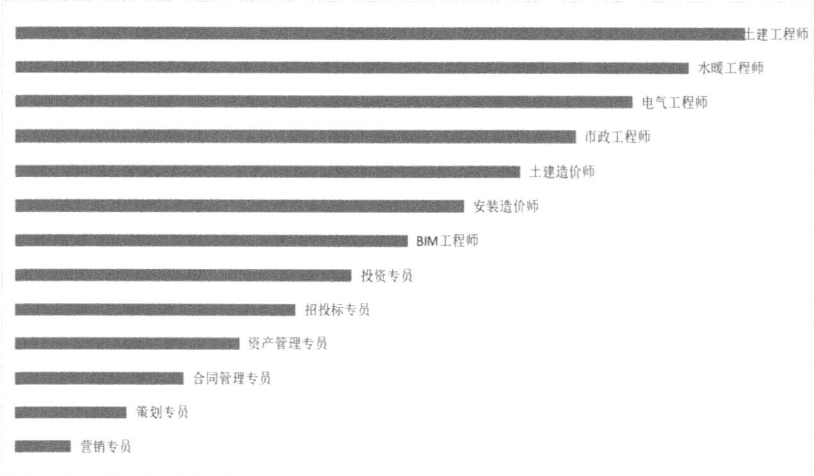

图 2-4　房地产开发企业岗位群示意图

建筑施工总承包企业：项目经理、技术负责人、生产经理、施工员、技术员、质检员、安环员、测量员、预算员、材料员、资料员、BIM工程师、智能建造师、智能建筑设备操作员、装配式建筑施工员等。如图2-5所示。

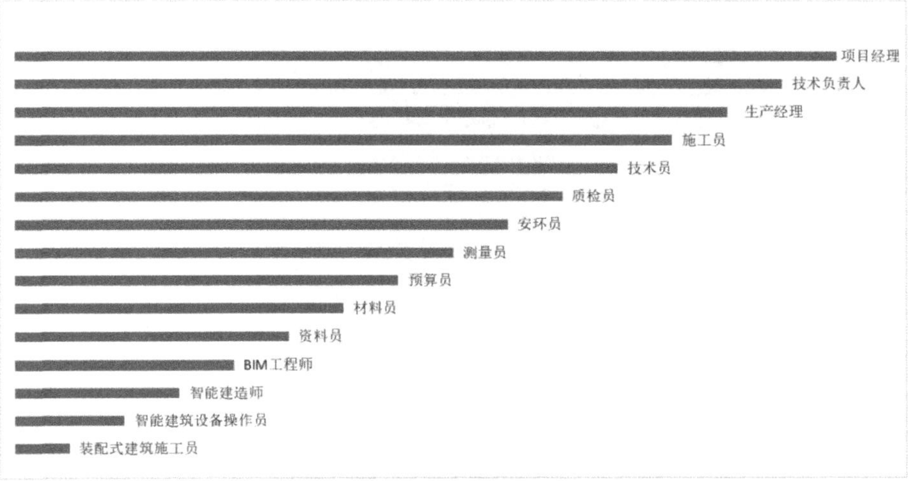

图 2-5　建筑施工总承包企业岗位群示意图

建筑专业分包施工企业：给排水工程师、技术负责人、机电工程师、弱电智能化工程师、消防工程师、园林景观工程师、安环幕墙工程师等。如图2-6所示。

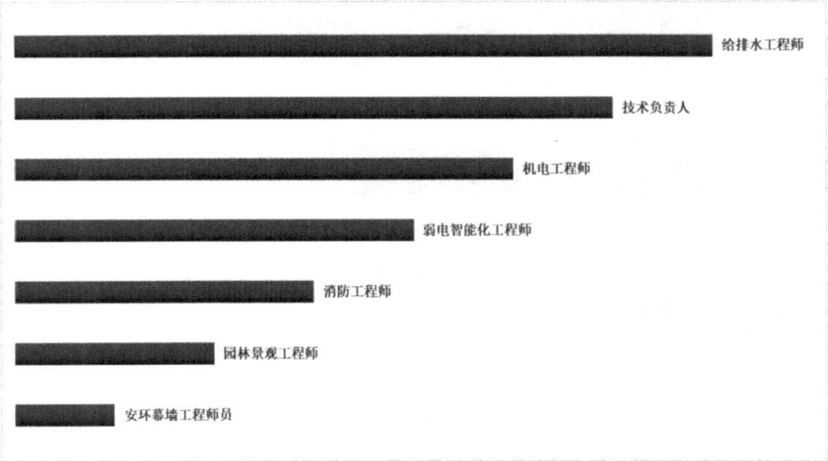

图 2-6　建筑施工分包企业岗位群示意图

建筑设计企业：建筑设计师、结构设计师、设备设计师、电气设计师、方案设计师、效果图渲染师、BIM设计师、钢结构设计师、幕墙设计师、精装修设计师、软装设计师、消防工程师，园林景观设计师等。如图2-7所示。

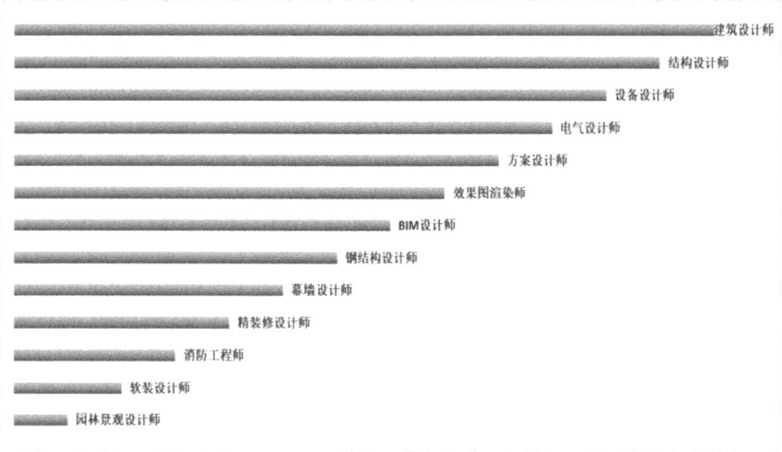

图 2-7　建筑设计企业岗位群示意图

建筑研发企业：装配式建筑研发工程师、被动式超低能耗建筑研发工程师、绿色建筑咨询师。如图2-8所示。

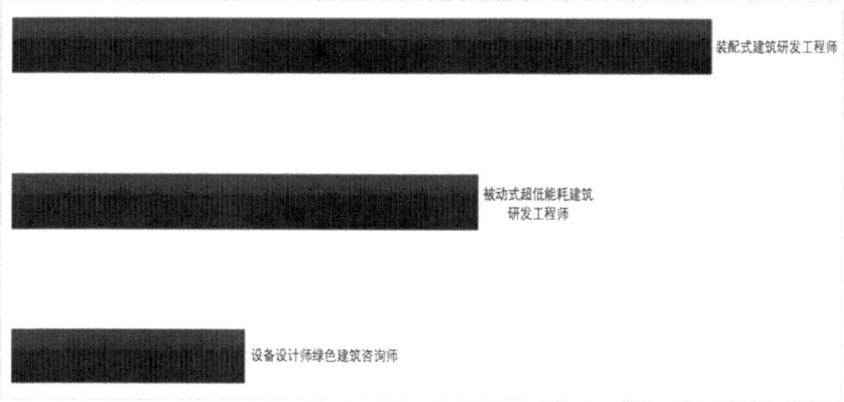

图 2-8　建筑研发企业岗位群示意图

绿色建材生产企业：技术员、质检员、中控室操作员、智能设备巡检员、智能设备操作员、环保专员、安全专员、余热发电工、脱硫脱硝操作工、生产数据中心管理员。如图2-9所示。

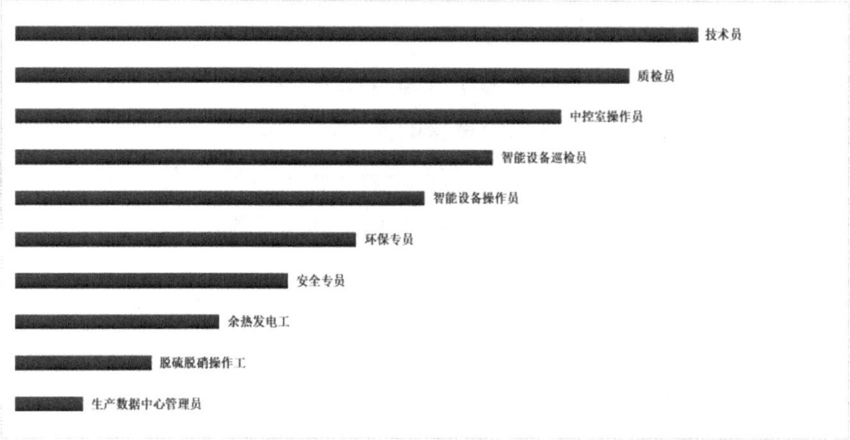

图 2-9　绿色建材生产企业岗位群示意图

上述岗位中，紧缺岗位排前10名的为：BIM工程师、装配式建筑深化设计师、装配式建筑施工员、弱电智能化工程师、消防工程师、安环员、设备工程师、智能建筑师、精装修设计师、绿色建筑咨询师。如图2-10所示。

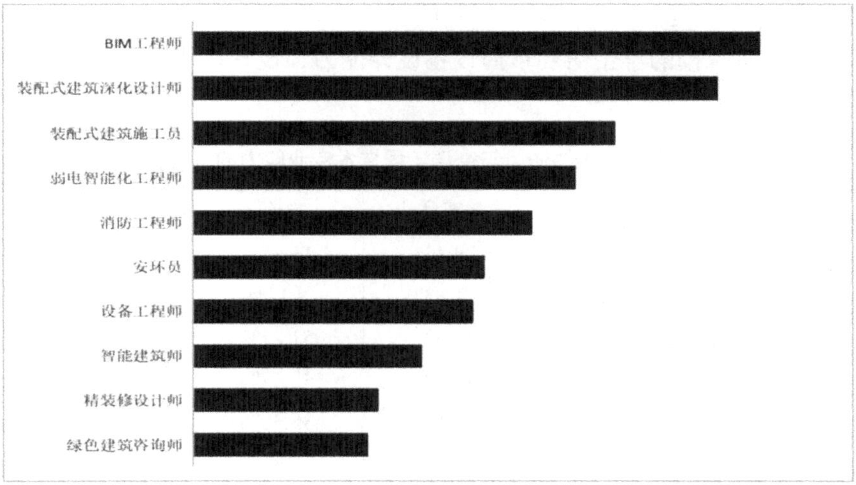

图 2-10　紧缺岗位 TOP10

2.1.3 绿色建筑企业对专业能力的需求

（1）工程造价专业能力

大部分企业认为工程造价算量计价能力、工程制图识图能力、招标文件编制能力和合同价款管理能力是比较重要的能力，需要重点去培养。同时本科院校的学生需要掌握造价分析能力、宏观经济分析能力等职业素养。如表2-3所示。

表 2-3　企业对工程造价专业能力的重要性评价

题目	重要能力	一般能力	不重要	其他
工程造价算量计价能力	94.87%	5.13%	0	0
工程制图、识图	74.36%	23.08%	2.56%	0
CAD 等软件绘图能力	46.15%	46.15%	7.69%	0
测量仪器应用能力	12.82%	58.97%	28.21%	0
招标文件编制能力	66.67%	33.33%	0	0
合同价款管理能力	82.05%	17.95%	0	0

（2）供热通风与空调工程技术专业能力

大部分企业认为暖通设备安装与检修能力、暖通设备绘图与识图、暖通设备安装现场协调能力和暖通设备验收能力是比较重要的能力，需要重点去培养。同时本科院校的学生需要掌握设备设计能力、设备优化能力等职业素养。如表2-4所示。

表 2-4　企业对供热通风与空调工程技术专业能力的重要性评价

题目	重要能力	一般能力	不重要	其他
暖通设备安装、检修能力	84.35%	15.65%	0	0
暖通设备绘图与识图	91.83%	8.17%	0	0
暖通设备选型能力	34.62%	51.21%	14.17%	0
暖通设备安装现场协调能力	48.22%	32.47%	17.21%	2.10%
暖通设备合同管理能力	28.13%	35.38%	36.49%	0
暖通设备验收能力	65.14%	21.32%	13.54%	0

（3）建设工程管理专业能力

大部分企业认为现场组织管理能力、工程图纸绘制与识读能力、计量与计价能力、招投标与合同管理能力、施工方案编制能力和工程资料编制能力是比较重要的能力，需要重点去培养。同时本科院校的学生需要掌握成本控制能力、项目前期策划能力、项目全过程管理能力等职业素养。如表2-5所示。

表 2-5　企业对建设工程管理专业能力的重要性评价

题目	重要能力	一般能力	不重要	其他
现场组织管理能力	75.18%	21.34%	2.27%	1.21%
工程图纸绘制与识读能力	52.26%	42.17%	5.57%	0
计量与计价能力	84.32%	10.71%	4.97%	0
招投标与合同管理能力	48.42%	46.33%	5.25%	0
施工方案编制能力	28.31%	65.38%	6.31%	0
工程资料编制能力	35.32%	61.12%	3.56%	0

（4）建筑电气工程技术专业能力

大部分企业认为电气设备安装与检修能力、电气工程图纸绘制识图能力、供配电照明工程施工能力、现场用电方案编制能力、电气工程算量能力和电气材料检验能力是比较重要的能力，需要重点去培养。同时本科院校的学生需要掌握电气施工图设计能力、楼宇智能化方案设计能力、电气系统开发能力等职业素养。如表2-6所示。

表 2-6　企业对建筑电气工程技术专业能力的重要性评价

题目	重要能力	一般能力	不重要	其他
电气设备安装与检修能力	66.26%	32.43%	1.31%	0
电气工程图纸绘制识图能力	89.86%	6.57%	2.17%	1.40%
供配电照明工程施工能力	91.60%	6.59%	1.81%	0
现场用电方案编制能力	25.82%	58.54%	13.15%	2.49%
电气工程算量能力	34.28%	55.38%	8.31%	2.03%
电气材料检验能力	25.25%	45.74%	29.01%	0

（5）建筑钢结构工程技术专业能力

大部分企业认为识读钢结构施工图能力，钢结构工程测量能力，钢结构放样、加工能力，钢结构计算能力，质量、安全、进度、成本、资料管理能力和钢结构施工组织能力是比较重要的能力，需要重点去培养。同时本科院校的学生需要掌握钢结构深化设计能力、钢结构工程方案设计能力、钢结构构件受力分析能力等职业素养。如表2-7所示。

表 2-7　企业对建筑钢结构工程技术专业能力的重要性评价

题目	重要能力	一般能力	不重要	其他
识读钢结构施工图能力	76.29%	21.40%	2.31%	0
钢结构工程测量能力	90.32%	8.17%	1.51%	0
钢结构放样、加工能力	38.54%	56.75%	2.88%	1.83%
钢结构计算能力	31.12%	54.54%	13.03%	1.31%
质量、安全、进度、成本、资料管理能力	91.87%	6.12%	2.01%	0
钢结构施工组织能力	76.55%	21.84%	1.61%	0

（6）建筑工程技术专业能力

大部分企业认为建筑施工技术管理能力、施工方案编制能力、建筑工程图纸识读能力、建筑材料应用与检测能力、安全与质量管理能力和建筑工程测量能力是比较重要的能力，需要重点去培养。同时本科院校的学生需要掌握房屋建筑工程的结构设计能力、房屋结构的荷载分析统计能力、结构受力计算能力等职业素养。如表2-8所示。

表 2-8　企业对建筑工程技术专业能力的重要性评价

题目	重要能力	一般能力	不重要	其他
建筑施工技术管理能力	85.65%	12.51%	1.84%	0
施工方案编制能力	65.32%	30.87%	3.81%	0
建筑工程图纸识读能力	92.14%	6.98%	0.88%	0
建筑材料应用与检测能力	41.12%	42.64%	15.04%	1.20%
安全与质量管理能力	80.56%	17.60%	1.84%	0
建筑工程测量能力	60.95%	35.65%	3.40%	0

（7）建筑设备工程技术专业能力

大部分企业认为建筑设备施工图识图能力、设备材料应用与检测能力、建筑设备施工能力、设备工程安全与质量管理能力、设备工程计量与计价能力和设备工程验收能力是比较重要的能力，需要重点去培养。同时本科院校的学生需要掌握建筑设备管道设计能力、流体力学计算分析能力、设备系统优化设计能力等职业素养。如表2-9所示。

表 2-9　企业对建筑设备工程技术专业能力的重要性评价

题目	重要能力	一般能力	不重要	其他
建筑设备施工图识图能力	93.84%	4.26%	1.90%	0
设备材料应用与检测能力	85.74%	12.65%	1.61%	0
建筑设备施工能力	95.21%	4.29%	0.50%	0
设备工程安全与质量管理能力	54.12%	38.54%	7.34%	0
设备工程计量与计价能力	40.25%	55.72%	2.73%	1.30%
设备工程验收能力	52.35%	42.52%	5.13%	0

（8）建筑室内设计专业能力

大部分企业认为方案效果图设计能力、设计项目洽谈能力、装饰材料选用能力、装饰设计交底能力和装饰工程量计算能力是比较重要的能力，需要重点去培养。同时本科院校的学生需要掌握室内环境理论分析能力、视觉效果理论分析能力等职业素养。如表2-10所示。

表 2-10　企业对建室内设计专业能力的重要性评价

题目	重要能力	一般能力	不重要	其他
方案效果图设计能力	91.22%	8.28%	0.50%	0
设计项目洽谈能力	78.69%	18.58%	2.73%	0
装饰材料选用能力	52.67%	41.21%	6.12%	0
装饰设计交底能力	94.12%	3.84%	2.04%	0
装饰工程量计算能力	81.60%	15.61%	1.65%	1.14%
装饰工程质量监控能力	12.74%	47.92%	35.59%	3.75%

（9）建筑智能化工程技术专业能力

大部分企业认为智能化弱电施工能力、楼宇智能化运维管理能力、智能化系统预算能力、智能化系统招投标能力、智能化工程组织能力和智能化施工图识读能力是比较重要的能力，需要重点去培养。同时本科院校的学生需要掌握楼宇系统设计能力、楼宇智能化开发能力等职业素养。如表2-11所示。

表 2-11　企业对建筑智能化工程技术专业能力的重要性评价

题目	重要能力	一般能力	不重要	其他
智能化弱电施工能力	75.69%	22.68%	1.63%	0
楼宇智能化运维管理能力	92.32%	5.88%	1.80%	0
智能化系统预算能力	45.33%	44.83%	9.84%	0
智能化系统招投标能力	32.85%	62.44%	4.71%	0
智能化工程组织能力	85.38%	12.51%	2.11%	0
智能化施工图识读能力	91.61%	7.21%	1.18%	0

（10）建筑装饰工程技术专业能力

大部分企业认为装饰工程施工能力、装饰工程图纸会审和交底能力、装饰工程质量控制能力、装饰施工图绘制与识读能力和装饰工程招投标与合同管理能力是比较重要的能力，需要重点去培养。同时本科院校的学生需要掌握装饰工程理论研究能力、装饰工程受力计算能力等职业素养。如表2-12所示。

表 2-12　企业对建筑装饰工程技术专业能力的重要性评价

题目	重要能力	一般能力	不重要	其他
装饰工程施工能力	95.35%	2.44%	2.21%	0
装饰工程图纸会审和交底能力	65.98%	25.32%	8.70%	0
装饰工程质量控制能力	56.81%	34.30%	8.89%	0
装饰施工图绘制与识读能力	87.36%	11.12%	1.52%	0
装饰工程资料管理能力	32.31%	65.84%	1.85%	0
装饰工程招投标与合同管理能力	42.55%	38.39%	15.50%	3.56%

2.1.4 绿色建筑企业对岗位职业素养的要求

对各企业岗位职业素养要求进行调研，结果表明：89. 65%的企业非常注重员工的创新精神，74. 52%的企业非常注重员工的沟通交流的能力，92. 97%的企业非常注重员工的与他人团结协作的能力，97. 83%的企业非常注重员工的工匠精神，95. 23%的企业非常注重员工的爱岗敬业精神，98. 97%的企业非常注重员工的安全意识，88. 19%的企业非常注重员工的环保意识，87. 23%以上的企业非常注重员工的分析处理能力，82. 23%以上的企业要求技术人员具有社会主义核心价值观、崇高的理想信念，61. 29%的企业非常注重员工的质量意识，81. 29%的企业非常注重员工的终身学习意识，51. 29%的企业非常注重员工的识图制图能力能力，41. 90%的企业非常注重员工的规范标准等资料检索能力，51. 61%的企业非常注重员工的计算机应用能力，35. 12%的企业非常注重员工的健康的心理，78. 50%的企业非常注重员工的社会责任感，86. 75的企业非常注重员工的诚实守信品格，90. 23%的企业非常注重员工的遵纪守法品格，95. 68%的企业非常注重员工的吃苦耐劳的精神，41. 61%的企业需要生产数据信息分析能力。如图2-11所示。

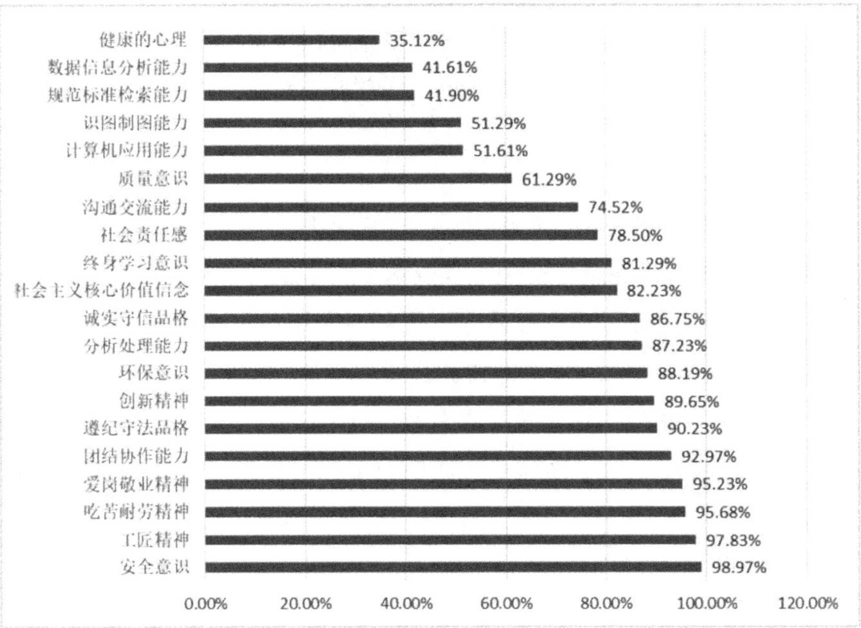

图 2-11　企业对高职毕业生职业素养的需求

2.1.5 绿色建筑企业对专业岗位的需求

（1）企业对工程造价专业学生的需求

根据造价企业面向应届毕业生的招聘职位需求分析，需求最多的是造价员，其次是施工单位预算员、BIM技术员、招标代理员、资料员等岗位。从这些岗位来看，对于应届毕业生来说，企业还是倾向于从基层开始培养人才，而这些应届毕业生以本科生和高职高专生为主。如图2-12所示。

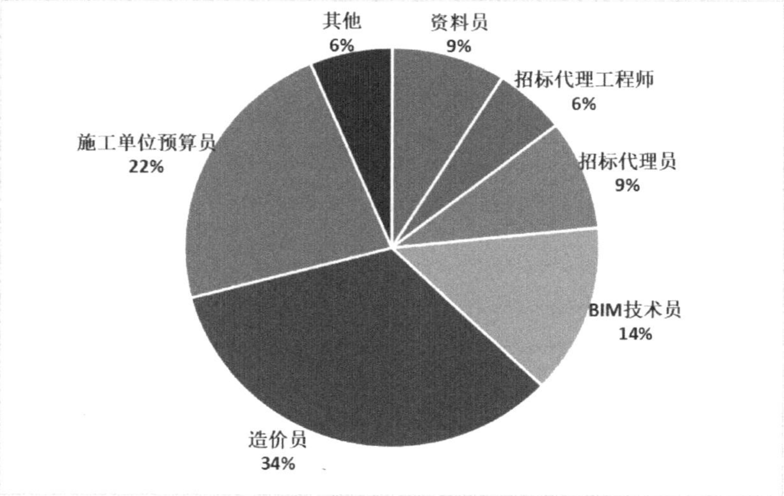

图 2-12　企业对工程造价专业学生的需求

（2）企业对供热通风与空调工程技术专业学生的需求

根据供热通风与空调工程技术企业面向应届毕业生的招聘职位需求分析，需求最多的是暖通设备员，其次是物业公司管理员、暖通空调系统运行维修员、安全员、消防员等岗位。从这些岗位来看，对于应届毕业生来说，企业还是倾向于从基层开始培养人才，而这些应届毕业生以本科生和高职高专生为主。如图2-13所示。

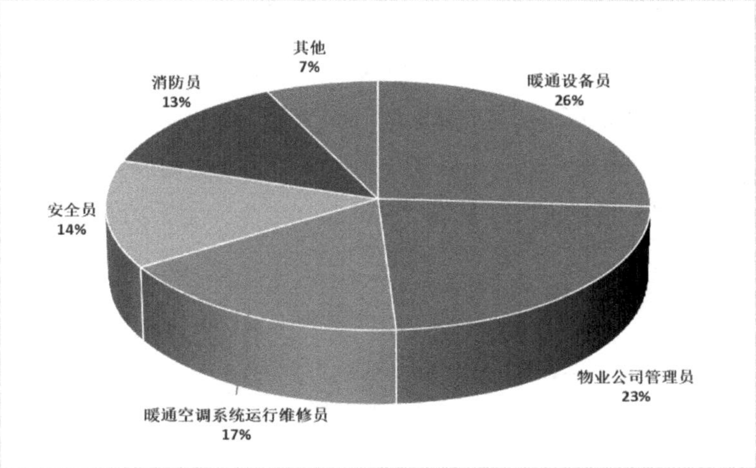

图 2-13　企业对供热通风与空调工程技术专业学生的需求

（3）企业对建设工程管理专业学生的需求

根据建设工程管理企业面向应届毕业生的招聘职位需求分析，需求最多的是施工员，其次是材料员、安全员、质量员、BIM技术员等岗位。从这些岗位来看，对于应届毕业生来说，企业还是倾向于从基层开始培养人才，而这些应届毕业生以本科生和高职高专生为主。如图2-14所示。

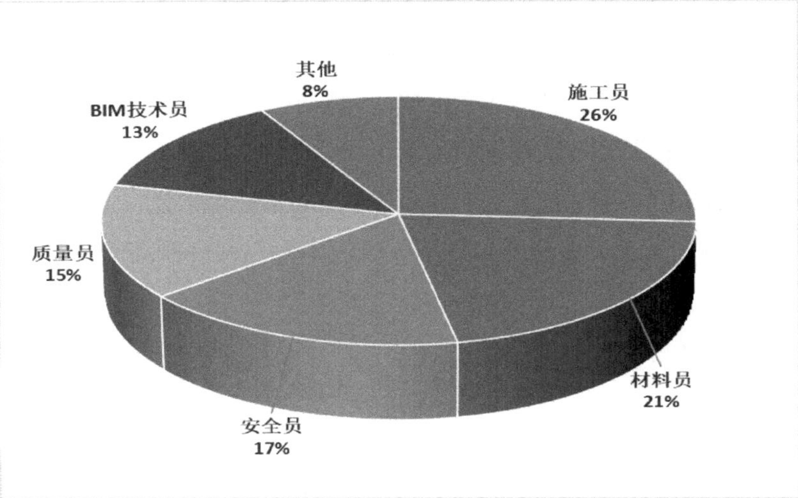

图 2-14　企业对建设工程管理专业学生的需求

（4）企业对建筑电气工程技术专业学生的需求

根据建筑电气工程技术企业面向应届毕业生的招聘职位需求分析，需求最多的是建筑电气设备员，其次是建筑电气施工员、建筑电气监理员、安全员等岗位。从这些岗位来看，对于应届毕业生来说，企业还是倾向于从基层开始培养人才，而这些应届毕业生以本科生和高职高专生为主。如图2-15所示。

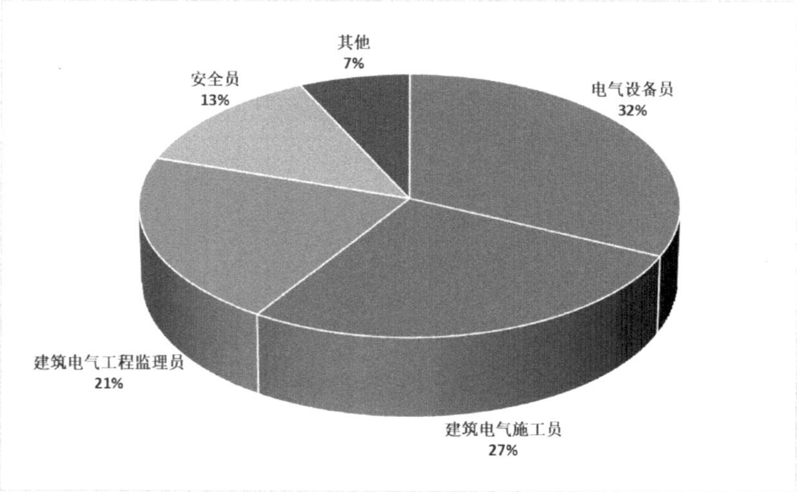

图 2-15　企业对建筑电气工程技术专业学生的需求

（5）企业对建筑钢结构工程技术专业学生的需求

根据建筑钢结构工程技术企业面向应届毕业生的招聘职位需求分析，需求最多的是深化设计员，其次是钢结构施工员、造价员、测量员、质量员、安全员、绘图员等岗位。从这些岗位来看，对于应届毕业生来说，企业还是倾向于从基层开始培养人才，而这些应届毕业生以本科生和高职高专生为主。如图2-16所示。

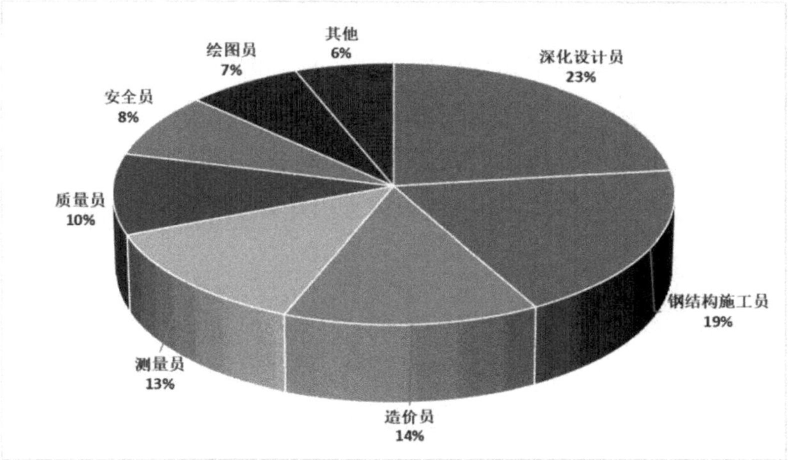

图 2-16　企业对建筑钢结构工程技术专业学生的需求

（6）企业对建筑工程技术专业学生的需求

根据建筑工程技术企业面向应届毕业生的招聘职位需求分析，需求最多的是装配式建筑施工员，其次是测量员、技术员、质量员、材料员等岗位。从这些岗位来看，对于应届毕业生来说，企业还是倾向于从基层开始培养人才，而这些应届毕业生以本科生和高职高专生为主。如图2-17所示。

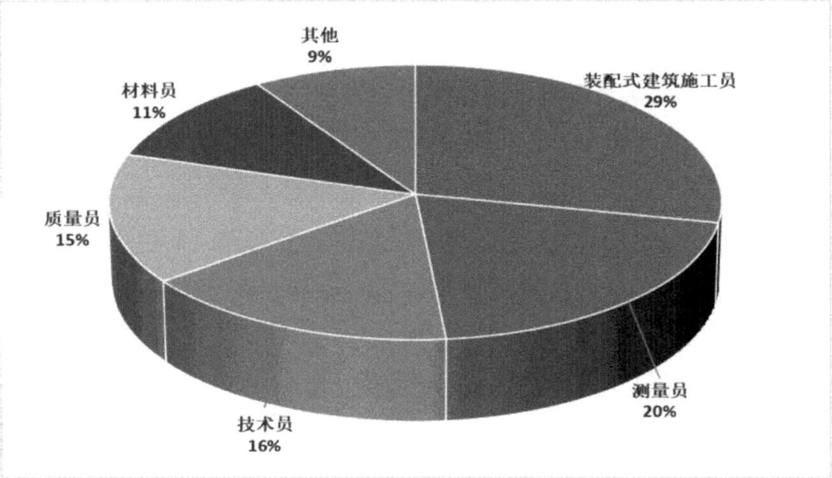

图 2-17　企业对建筑工程技术专业学生的需求

（7）企业对建筑设备工程技术专业学生的需求

根据建筑设备工程技术企业面向应届毕业生的招聘职位需求分析，需求最多的是设备工程施工员，其次是建筑设备安装监理员、预算员、标准员、安全员等岗位。从这些岗位来看，对于应届毕业生来说，企业还是倾向于从基层开始培养人才，而这些应届毕业生以本科生和高职高专生为主。如图2-18所示。

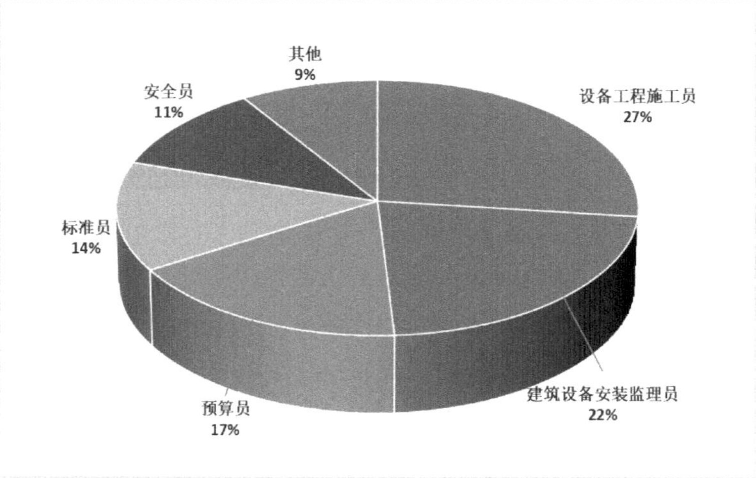

图 2-18　企业对建筑设备工程技术专业学生的需求

（8）企业对建筑室内设计专业学生的需求

根据建筑室内设计企业面向应届毕业生的招聘职位需求分析，需求最多的是精装修设计员，其次是建筑室内施工员、监理员、造价员、设计员、材料员、安全员等岗位。从这些岗位来看，对于应届毕业生来说，企业还是倾向于从基层开始培养人才，而这些应届毕业生以本科生和高职高专生为主。如图2-19所示。

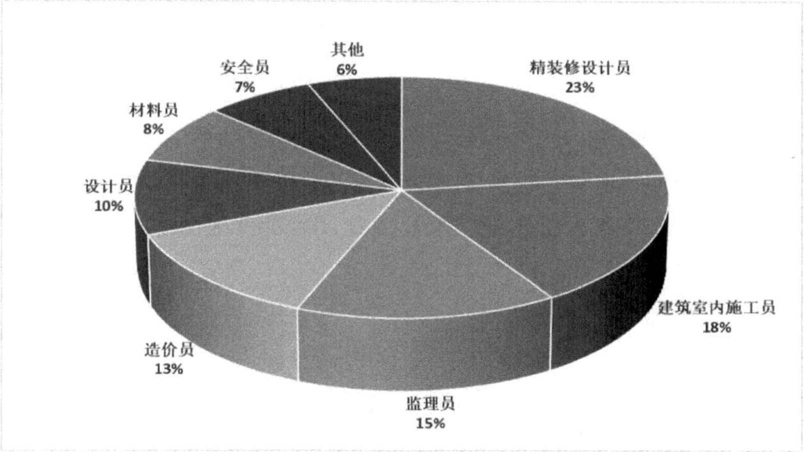

图 2-19　企业对建筑室内设计专业学生的需求

（9）企业对建筑智能化工程技术专业学生的需求

根据建筑智能化工程技术企业面向应届毕业生的招聘职位需求分析，需求最多的是弱电智能化工程施工员，其次是建筑电气工程施工员、建筑设备监控系统管理员、安全员、消防员等岗位。从这些岗位来看，对于应届毕业生来说，企业还是倾向于从基层培养，而这些应届毕业生以本科生和高职高专生为主。如图 2-20 所示。

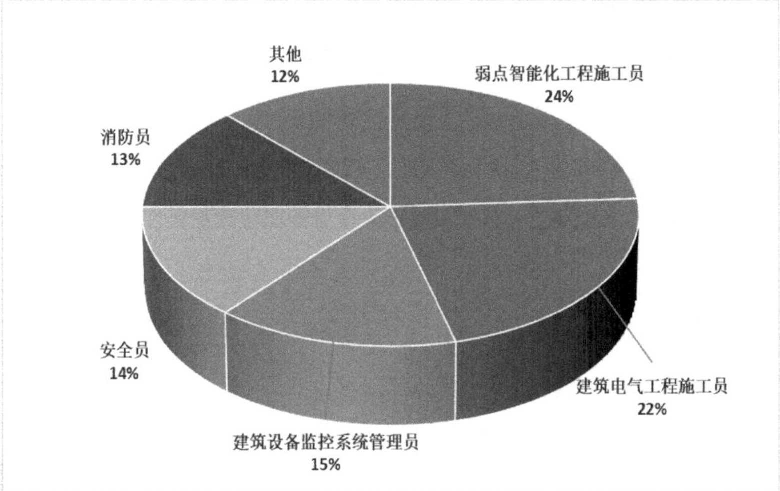

图 2-20　企业对建筑智能化工程技术专业学生的需求

（10）企业对建筑装饰工程技术专业学生的需求

根据建筑装饰工程技术企业面向应届毕业生的招聘职位需求分析，需求最多的是装饰设计师助理，其次是装饰施工员、监理员、质量员、材料员、安全员等岗位。从这些岗位来看，对于应届毕业生来说，企业还是倾向于从基层开始培养人才，而这些应届毕业生以本科生和高职高专生为主。如图2-21所示。

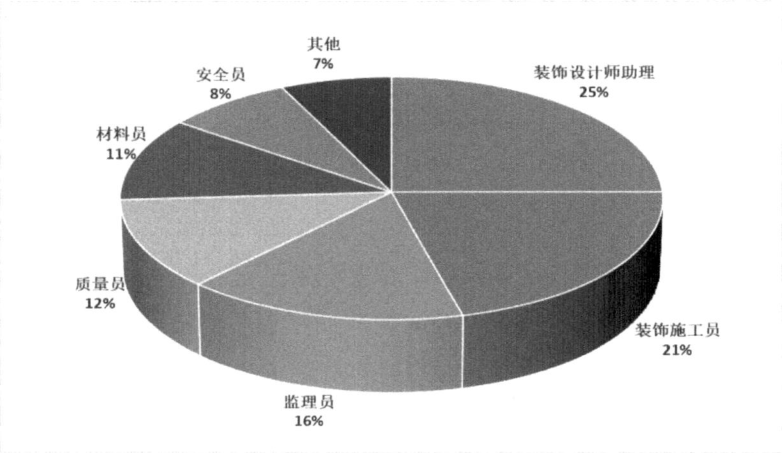

图 2-21　企业对建筑装饰工程技术专业学生的需求

2.1.6 绿色建筑企业对专业课程的需求

针对绿色建筑企业对不同专业课程的需求程度作了调研，以非常重要、一般重要、可有可无、不应该开设等为评价标准进行统计分析，结果如下。

（1）企业对造价专业的课程需求（见表2-13）

表 2-13 企业对工程造价专业开设专业课程的重要性评价

题目	非常重要	一般重要	可有可无	不应该开设	其他
工程制图	39 72.22%	12 22.22%	3 5.56%	0	0
房屋建筑学	38 70.37%	14 25.93%	2 3.7%	0	0
建筑与装饰材料	37 68.52%	17 31.48%	0	0	0
CAD 技术基础与制图	37 68.52%	15 27.78%	2 3.7%	0	0
工程造价专业英语	10 18.52%	18 33.33%	22 40.74%	3 5.56%	1 1.85%
工程力学	18 33.33%	23 42.59%	12 22.22%	0	1 1.85%

（2）企业对供热通风与空调工程技术专业的课程需求（见表2-14）

表 2-14　企业对供热通风与空调工程技术专业开设专业课程的重要性评价

题目	非常重要	一般重要	可有可无	不应该开设	其他
供热工程	75.34%	23.54%	1.12%	0	0
通风与空调工程	71.57%	26.32%	2.11%	0	0
建筑给排水	70.38%	28.41%	1.21%	0	0
建筑电气工程	68.54%	29.37%	2.09%	0	0
制冷技术	67.33%	31.25%	1.42%	0	0
热工学基础	66.73%	31.73%	1.54%	0	0
暖通施工技术	66.17%	32.13%	1.7%	0	0
安装工程计量与计价	65.84%	32.88%	1.28%	0	0
工程测量	67.33%	32.67%	0	0	0

（3）企业对建筑电气工程技术专业的课程需求（见表2-15）

表 2-15　企业对建筑电气工程技术专业开设专业课程的重要性评价

题目	非常重要	一般重要	可有可无	不应该开设	其他
建筑电气施工技术	76.78%	22.73%	0.49%	0	0
建筑电气工程预算	74.63%	24.20%	1.17%	0	0
电气消防技术	72.17%	26.74%	1.09%	0	0
建筑电气控制技术	71.83%	26.84%	1.33%	0	0
建筑电气施工组织与管理	70.36%	28.39%	1.25%	0	0
建筑智能化工程技术	69.76%	29.45%	0.79%	0	0
综合布线与网络工程	68.51%	30.56%	0.93%	0	0
建筑电气消防工程技术	67.89%	30.98%	1.13%	0	0
电梯技术	66.91%	32.01%	1.08%	0	0
楼宇智能化技术	66.71%	32.08%	1.21%	0	0
建筑弱电技术	65.89%	33.26%	0.85%	0	0

（4）企业对建筑钢结构工程技术专业的课程需求（见表2-16）

表 2-16　企业对建筑钢结构工程技术专业开设专业课程的重要性评价

题目	非常重要	一般重要	可有可无	不应该开设	其他
建筑施工技术	77.13%	21.90%	0.97%	0	0
建筑工程资料管理	76.79%	22.07%	1.14%	0	0
建筑结构	76.61%	22.61%	0.78%	0	0
建筑工程测量	76.17%	22.79%	1.04%	0	0
建筑 CAD	75.98%	23.19%	0.83%	0	0
建筑材料与检测	75.61%	23.32%	1.07%	0	0
工程测量	73.79%	24.99%	1.22%	0	0
建筑法规	73.16%	25.69%	1.15%	0	0
建筑工程计量与计价	73.01%	25.98%	1.01%	0	0
建筑力学与结构	72.89%	26.13%	0.98%	0	0
地基与基础	72.71%	26.58%	0.71%	0	0
钢结构构造与识图	71.31%	27.41%	1.28%	0	0
钢结构施工技术	70.98%	28.27%	0.75%	0	0
钢结构设计	69.76%	29.31%	0.93%	0	0
施工组织设计	65.35%	33.27%	1.38%	0	0

（5）企业对建设工程管理专业的课程需求（见表2-17）

表 2-17　企业对建设工程管理专业开设专业课程的重要性评价

题目	非常重要	一般重要	可有可无	不应该开设	其他
建筑施工技术	78.61%	20.52%	0.87%	0	0
建筑工程计量与计价	77.38%	21.49%	1.13%	0	0
工程招投标与合同管理	75.27%	23.80%	0.93%	0	0
建筑工程资料管理	74.79%	23.96%	1.25%	0	0
建筑工程项目管理	74.18%	24.91%	0.91%	0	0
建筑工程测量	73.18%	25.47%	1.35%	0	0
建筑 CAD	72.91%	25.92%	1.17%	0	0
建筑材料	70.43%	28.61%	0.96%	0	0
工程项目管理	68.51%	30.42%	1.07%	0	0
建筑施工组织	67.18%	31.37%	1.45%	0	0

（续表）

题目	非常重要	一般重要	可有可无	不应该开设	其他
工程测量	66.83%	32.40%	0.77%	0	0
建筑法规	66.17%	33.36%	0.47%	0	0
建筑工程经济	65.73%	33.72%	0.55%	0	0
建筑工程质量与安全管理	65.36%	33.75%	0.89%	0	0

（6）企业对建筑工程技术专业的课程需求（见表2-18）

表 2-18　企业对建筑工程技术专业开设专业课程的重要性评价

题目	非常重要	一般重要	可有可无	不应该开设	其他
建筑工程计量与计价	89.18%	9.95%	0.87%	0	0
建筑施工技术	87.23%	11.74%	1.03%	0	0
建筑工程测量	86.17%	12.70%	1.13%	0	0
建筑 CAD	82.91%	15.92%	1.17%	0	0
建筑施工组织	80.17%	19.06%	0.77%	0	0
建筑结构	78.38%	20.41%	1.21%	0	0
建筑法规	76.58%	22.33%	1.09%	0	0
建筑材料	73.71%	24.98%	1.31%	0	0
建筑力学	70.18%	28.57%	1.25%	0	0
地基与基础	68.35%	30.87%	0.78%	0	0
工程招投标与合同管理	67.48%	31.61%	0.91%	0	0
建筑工程资料管理	64.38%	34.60%	1.02%	0	0
建筑工程项目管理	62.28%	36.51%	1.21%	0	0

（7）企业对建筑设备工程技术专业的课程需求（见表2-19）

表 2-19　企业对建筑设备工程技术专业开设专业课程的重要性评价

题目	非常重要	一般重要	可有可无	不应该开设	其他
建筑给排水工程	88.17%	10.95%	0.88%	0	0
供热工程	86.57%	12.22%	1.21%	0	0
安装工程计量与计价	85.36%	13.61%	1.03%	0	0
建筑电气施工技术	84.43%	14.50%	1.07%	0	0
通风与空调工程	82.15%	16.88%	0.97%	0	0

（续表）

题目	非常重要	一般重要	可有可无	不应该开设	其他
安装工程施工组织与管理	80.77%	18.46%	0.77%	0	0
工程测量	79.15%	19.80%	1.05%	0	0
建筑给排水	76.38%	22.49%	1.13%	0	0
建筑电气控制技术	74.31%	24.48%	1.21%	0	0
建筑供配电与照明	72.57%	26.62%	0.81%	0	0
热工学基础	70.69%	27.98%	1.33%	0	0
管道施工技术	68.51%	30.18%	1.31%	0	0

（8）企业对室内设计专业的课程需求（见表2-20）

表 2-20　企业对室内设计专业开设专业课程的重要性评价

题目	非常重要	一般重要	可有可无	不应该开设	其他
室内设计原理	79.38%	19.41%	1.21%	0	0
人体工程学	78.17%	20.70%	1.13%	0	0
公共空间设计	78.03%	20.90%	1.07%	0	0
家具设计	76.38%	22.71%	0.91%	0	0
商业空间设计	75.43%	23.76%	0.81%	0	0
展示设计	75.31%	23.89%	0.83%	0	0
居住空间设计	75.18%	23.93%	0.89%	0	0
家具设计与软装搭配	73.41%	25.51%	1.08%	0	0
装饰材料与施工工艺	73.38%	25.59%	1.03%	0	0
住宅室内设计	70.18%	28.74%	1.08%	0	0
中外建筑史	68.73%	29.24%	2.03%	0	0
建筑室内施工图深化设计	67.25%	30.97%	1.78%	0	0

（9）企业对建筑智能化工程技术专业的课程需求（见表2-21）

表 2-21　企业对建筑智能化工程技术专业开设专业课程的重要性评价

题目	非常重要	一般重要	可有可无	不应该开设	其他
建筑供配电与照明	72.83%	26.41%	0.76%	0	0
综合布线	70.39%	28.72%	0.89%	0	0
工程招投标与合同管理	68.17%	30.81%	1.02%	0	0

（续表）

题目	非常重要	一般重要	可有可无	不应该开设	其他
建筑电气控制技术	66.38%	32.44%	1.18%	0	0
建筑电气施工技术	64.26%	34.37%	1.37%	0	0
建筑 CAD	62.73%	35.99%	1.28%	0	0
建筑供配电与照明技术	61.57%	37.50%	0.93%	0	0
C 语言程序设计	60.18%	38.77%	1.05%	0	0
综合布线技术	58.33%	40.54%	1.13%	0	0
电梯技术	56.28%	42.75%	0.97%	0	0
火灾自动报警系统	54.39%	44.23%	1.38%	0	0
PLC 应用技术	52.17%	46.76%	1.07%	0	0

（10）企业对建筑装饰工程技术专业的课程需求（见表2-22）

表 2-22　企业对建筑装饰工程技术专业开设专业课程的重要性评价

题目	非常重要	一般重要	可有可无	不应该开设	其他
建筑装饰工程计量与计价	82.37%	16.96%	0.67%	0	0
建筑装饰施工技术	80.13%	19.02%	0.85%	0	0
建筑装饰设计	78.26%	20.71%	1.03%	0	0
建筑装饰材料	75.39%	23.82%	0.79%	0	0
建筑装饰施工组织与管理	73.17%	25.65%	1.18%	0	0
建筑装饰材料与构造	72.33%	26.74%	0.93%	0	0
建筑装饰工程项目管理	70.85%	27.84%	1.31%	0	0
建筑 CAD	68.34%	30.45%	1.21%	0	0
居住空间设计	66.57%	32.52%	0.91%	0	0
建筑装饰施工图绘制	65.18%	33.53%	1.29%	0	0
中外建筑史	63.38%	35.89%	0.73%	0	0
建筑装饰施工图设计	62.17%	36.95%	0.88%	0	0
建筑装饰构造	60.59%	38.28%	1.13%	0	0

2.2 企业技术技能人才从业情况

2.2.1 企业人力资源整体情况

（1）企业人员学历结构情况

调研数据显示，企业员工总人数为197821人，本科及以上毕业生占比20. 20%、高职专科毕业生占比51. 90%、中职毕业生占比21. 10%、其他学历人员占比6. 80%。如图2-22所示。

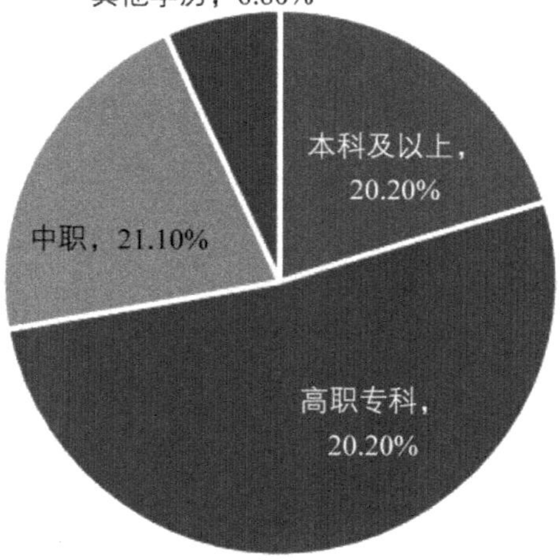

图 2-22　企业人员学历结构

（2）专业技术人才情况

绿色建筑企业专业技术人才如果按照工作性质可分为管理人员、专业技术人员、生产技能人员和其他人员。对于绿色建筑企业来说，专业技术人员主要来源于建筑、建材类职业院校的毕业生。根据企业调查结果，管理人员占比12. 20%、专业技术人员占比56. 70%、生产技能人员占比22. 70%、其他人员占比8. 40%。如图2-23所示。

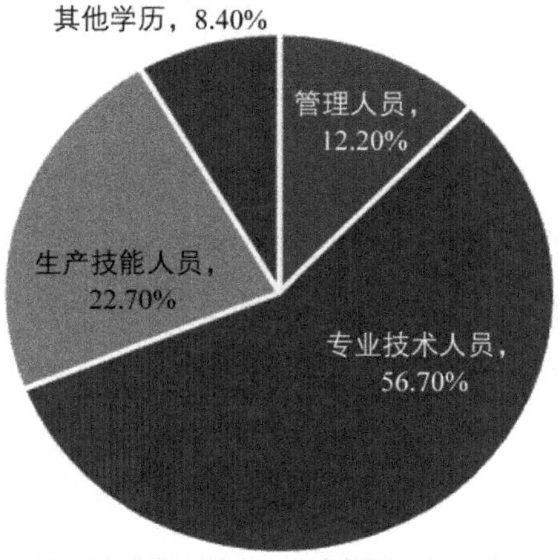

图 2-23　专业技术人才情况

（3）专业技能人才结构情况

绿色建筑行业属于新兴行业，发展非常迅猛，大部分员工是新员工，尚未获得技能等级或技术职称。根据调研结果发现，六大片区共262家企业的人力结构不合理，大部分企业在岗职工以初级工和没有获得技能等级的员工为主，高级人员占比3. 9%、中级人员占比13. 6%、初级人员占比49. 0%、无技能等级人员占比33. 5%。如图2-24所示。

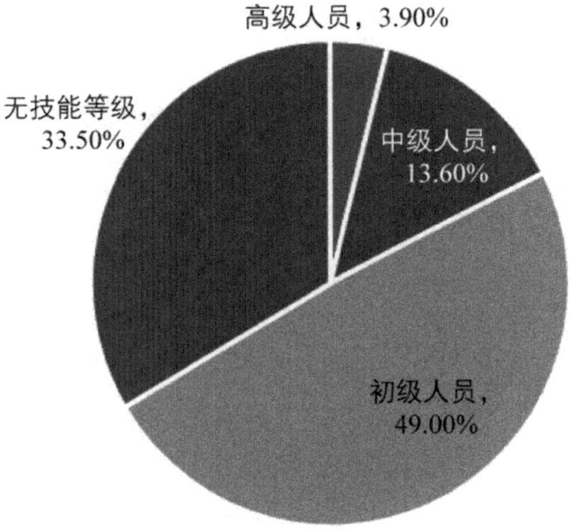

图 2-24　企业技能人才结构

2.2.2 企业技术技能人才从业现状

（1）企业招收高职毕业生的情况

在近三年，有71家企业招收的高职毕业生占所招聘应届毕业生的25%以下，有86家企业招收的高职企业生占所招聘应届毕业生的25%～50%，有60家企业招收的高职企业生占所招聘应届毕业生的50%～75%，有45家企业招收的高职企业生占所招聘应届毕业生的75%以上。如图2-25所示。

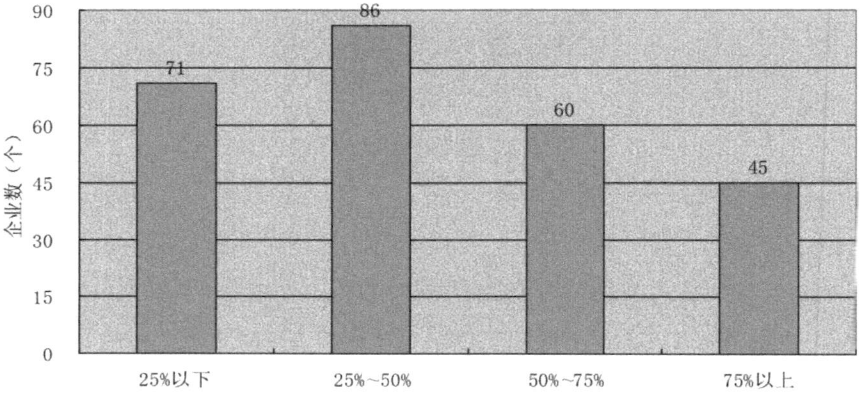

图 2-25　企业所招高职毕业生占所招聘毕业生的百分比情况

根据调研结果，有53%的企业愿意接收高职毕业生，有14%的企业愿意接收中职毕业生，有33%的企业愿意接收本科及以上院校毕业生。如图2-26所示。

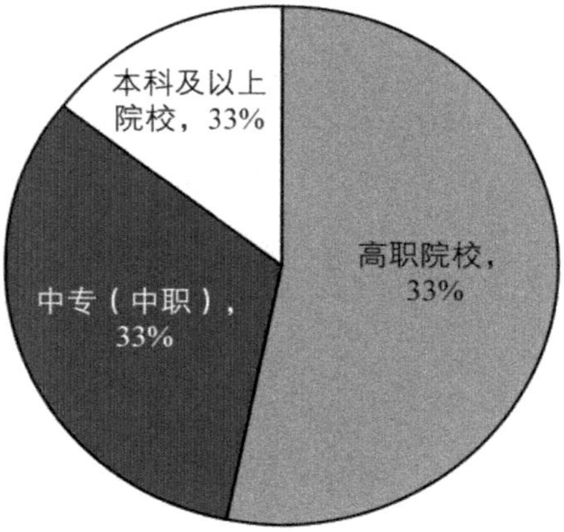

图 2-26　企业对不同毕业生的青睐情况

（2）企业对高职毕业生的认可度

根据调研结果，大部分企业对高职毕业生的文化知识、专业理论知识和实践能力为满意或基本满意。如图2-27所示。

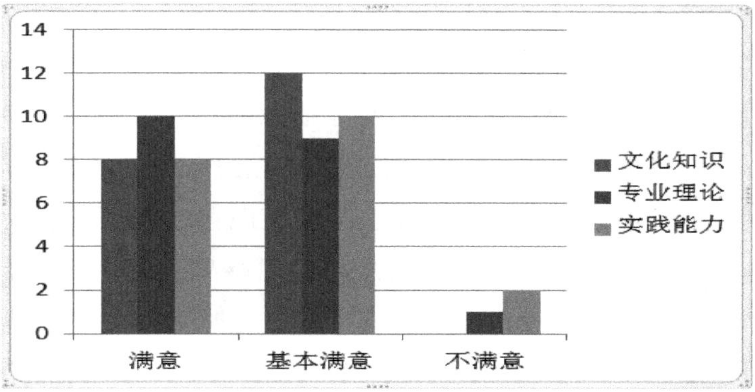

图 2-27　企业对高职毕业生的认可度

对学生的专业能力满意和基本满意持平，这是企业行业对目前高职院校教育水平的一个肯定；对学生的非专业能力，各企业的满意度大都是基本满意，这是各大院校在今后的人才培养过程中需要加以努力的环节。如图2-28所示。

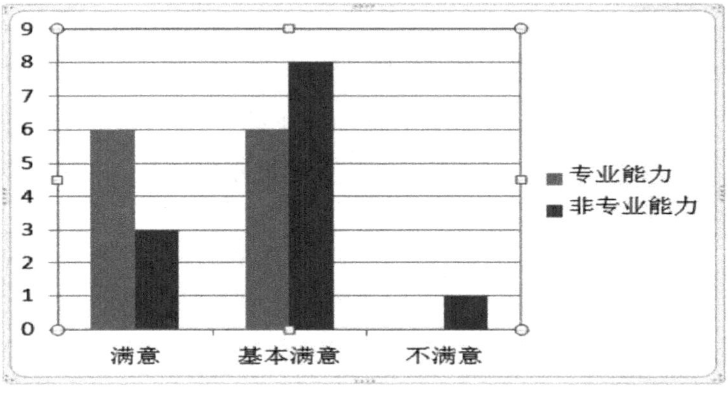

图 2-28　企业对高职毕业生能力方面的评价

至于毕业生素质，根据满意度排序，排列前三的依次为：职业道德、完成任务、专业技能；对毕业生表示基本满意的素养依次为：创新能力、工作态度、沟通能力＋团队意识＋基本技能；满意度评价偏低的是毕业生的学习能力。由此可见，在人才培养过程中，注重学生学习能力的培养也是一个非常重要的任务。

2.2.3 技术技能人才职业发展情况

随着互联网信息化技术的高速发展，以人工智能(AI)、BIM、物联网、装配式建筑、云计算、大数据等为主要特征的建筑工业4. 0时代正席卷全球，我国建筑行业也正在迎接数字化、信息化、智能化的发展大潮。智能建筑工程已成为建筑工程的重要组成部分，它对建筑工程先进技术水平的度量和工程投资取向正在发挥重要影响，目前在建筑工程智能化方面的投资已占建筑工程总投资的5%～10%，大量现有建筑开始进行建筑智能化的改造，建设行业的设计、施工和物业管理单位，已经对建筑智能化技术人才，尤其是施工安装和运行维护的一线人才，提出了越来越迫切的需求。

2.3 绿色建筑企业技术技能人才未来3～5年需求情况

2.3.1 职业岗位发展对技术技能人才的需求

据调查，绿色建筑及相关专业对技术技能人才的需求：94. 52%的企业选择供不应求，4. 58%的企业选择供需平衡，0. 90%的企业选择供大于求。结合我国未来装配式等绿色建筑及相关行业的发展趋势分析，装配式建筑及相关产业人才需求旺盛。如图2-29所示。

选项	小计	比例
B.供不应求	20	64.52%
C.供求平衡	7	22.58%
A.供大于求	4	12.9%
本题有效填写人次	31	

图 2-29　绿色建筑及相关专业对技术技能人才的需求

在“企业最缺乏什么学历的人才”调研选项中，高职高专排在首位，大学本科排第二，研究生及以上与中职生几乎并列第三。而在“企业认为什么学历最好用”的调研数据表明，高职高专也排第一，排在第二的不是本科而是中职，本科排第三，硕士研究生及以上排在第四。调研数据显示，企业认为最好用的学历和企业最缺乏的学历的排序是不同的，但是排第一的都是高职高专学历层次，可见，高职高专毕业生得到了企业的认可和社会的青睐。如图2-30、图2-31所示。

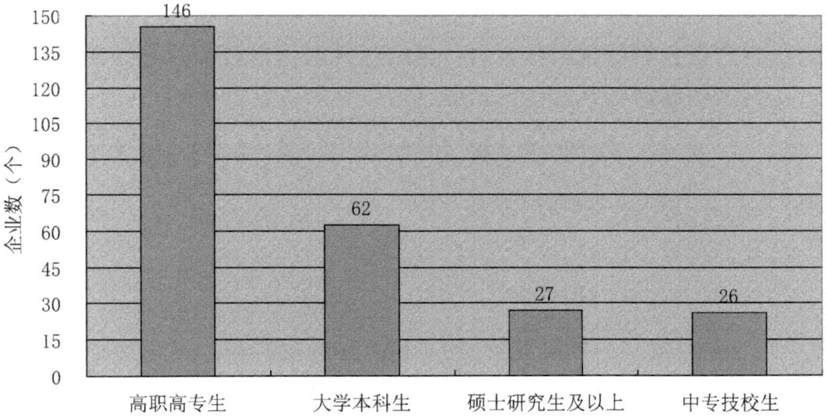

图 2-30　企业最缺乏的学历层次情况

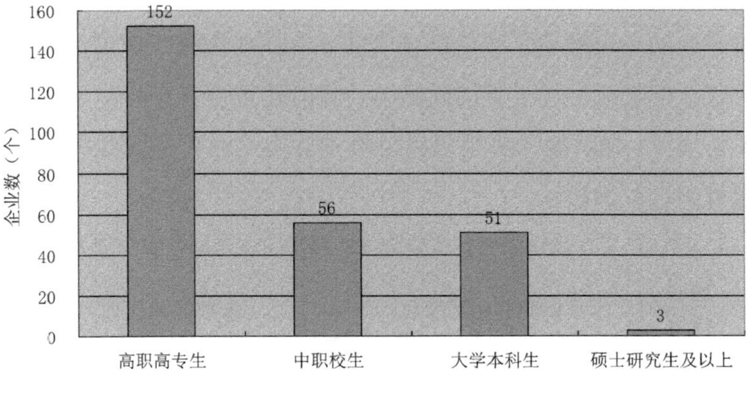

图 2-31　企业认为最好用的学历层次

在“企业最缺少的岗位人才（限选1～3项）”调研选项中，在高层管理人才、中层管理人才、高级专业技术人才、中级专业技术人才、销售人才及一线技能人才的选项中，排在第一位的还是高职培养的一线技能人才，第二为中级专业技术人才（中级职称），第三是高级专业技术人才（高级职称）。

2.3.2 新技术新设备对职业能力的新需求

（1）房地产开发岗位群的典型职业能力新需求

房地产市场是调控国内经济的重要杠杆，随着装配式建筑融入房地产市场和BIM技术的应用，引起房地产开发岗位群的多项业务和工作职责的变化，其典型职业能力也会相应地发生变化。房地产开发岗位群主要岗位的典型职业活动和职业能力的变化趋势如表2-23所示。

表 2-23 房地产开发岗位群主要岗位的典型职业活动和职业能力的变化趋势

岗位群名称	职业岗位	典型职业活动变化	典型职业能力	变化趋势
房地产开发岗位群	BIM 工程师	BIM 建模	1.依据图纸正向建模的能力 2.依据模型反向出图的能力	新增
		BIM 算量	依据 BIM 模型计算工程量的能力	增加
		BIM 投标	依据 BIM 模型设计招投标文件的能力	新增
		碰撞检验	依据 BIM 模型进行管线的碰撞检验的能力	新增

（2）建筑施工总承包岗位群的典型职业能力新需求

智能建造的出现颠覆了传统的施工技术，在加快施工速度的同时，也提高了施工质量。相应地出现了智能建造师、智能建筑设备操作员、装配式建筑施工员等工作岗位。建筑施工总承包岗位群主要岗位的典型职业活动和职业能力的变化趋势如表2-24所示。

表 2-24 建筑施工总承包岗位群主要岗位的典型职业活动和职业能力的变化趋势

岗位群名称	职业岗位	典型职业活动变化	典型职业能力	变化趋势
建筑施工总承包岗位群	智能建造师	智能建造施工方案编制	编制智能建造施工方案能力	新增
		智能施工组织设计编制	编制智能施工组织设计的能力	增加
		指导智能施工	指导智能施工的能力	新增
	智能建筑设备操作员	智能建筑设备操作	智能建筑设备操作的能力	新增

（3）建筑专业分包岗位群的典型职业能力新需求

在国家的大力推行下，装配式建筑的应用也越来越广泛，相应的装配式施工员的岗位也越发重要。建筑专业分包岗位群主要岗位的典型职业活动和职业能力的变化趋势如表2-25所示。

表 2-25　建筑专业分包岗位群主要岗位的典型职业活动和职业能力的变化趋势

岗位群名称	职业岗位	典型职业活动变化	典型职业能力	变化趋势
建筑专业分包岗位群	装配式建筑施工员	装配式建筑构件生产	1.识读装配式建筑构件图纸的能力 2.装配式建筑构件生产的能力	新增
		装配式建筑构件质检	装配式建筑构件质检能力	增加
		装配式建筑构件安装	识读装配式建筑施工图的能力 装配式建筑构件安装能力	增加

（4）建筑设计岗位群的典型职业能力新需求

BIM 技术的应用和装配式施工技术的实施使建筑设计方式产生了巨大的变化，增加了 BIM 技术建模和装配式深化设计等工作岗位。新技术在建筑设计岗位群中的应用会越来越广泛，建筑设计岗位群主要岗位的典型职业活动和职业能力的变化趋势如表 2-26 所示。

表 2-26　建筑设计岗位群主要岗位的典型职业活动和职业能力的变化趋势

岗位群名称	职业岗位	典型职业活动变化	典型职业能力	变化趋势
建设计岗位群	装配式建筑深化设计师	装配式建筑方案设计	装配式建筑方案设计能力	新增
		装配式建筑构件拆分设计	装配式建筑构件拆分设计能力	新增

（5）建筑研发岗位群的典型职业能力新需求

科技研发是一种创造性的劳动，新技术、新设备、新材料的研发是推动绿色建筑发展的动力。装配式建筑研发工程师、被动式超低能耗建筑研发工程师、绿色建筑咨询师等岗位是建筑研发岗位群的重点岗位。建筑研发岗位群主要岗位的典型职业活动和职业能力的变化趋势如表2-27所示。

表 2-27　建筑研发岗位群主要岗位的典型职业活动和职业能力的变化趋势

岗位群名称	职业岗位	典型职业活动变化	典型职业能力	变化趋势
建筑研发岗位群	装配式建筑研发工程师	装配式建筑构件研发	研发装配式建筑构件的能力	新增
		装配式建筑构件连接技术研发	研发装配式建筑构件连接技术的能力	新增
		装配式施工工艺研发	研发新型装配式施工工艺的能力	新增
	被动式超低能耗建筑研发工程师	研发被动式超低能耗建筑材料	研发被动式超低能耗建筑材料的能力	新增
		研发被动式超低能耗建筑施工工艺	研发被动式超低能耗建筑施工工艺的能力	新增
	绿色建筑咨询师	绿色建筑方案设计	设计绿色建筑方案的能力	新增
		绿色建筑鉴定	鉴定绿色建筑的能力	新增

（6）绿色建材生产岗位群职业能力新需求

建材生产是绿色建筑生产的基础。新型建材的研发和生产是促进行业发展的基础，绿色建材生产岗位群主要岗位的典型职业活动和职业能力的变化趋势如表2-28所示。

表 2-28　绿色建材生产岗位群主要岗位的典型职业活动和职业能力的变化趋势

岗位群名称	职业岗位	典型职业活动变化	典型职业能力	变化趋势
绿色建材生产岗位群	环保专员	保护环境	1.策划保护环境方案的能力 2.组织环境保护活动的能力	新增
		环境治理	实施环境保护措施的能力	新增
	装配式建筑构件制作工	装配式建筑 PC 构件生产	识读装配式建筑构件拆分图 装配式建筑构件质量检测	新增

2.3.3 企业对毕业生能取得的职业资格认可情况

参与调研的262家企业中，50%的企业认为注册结构工程师和智能建造师最为需要，其次为装配式建筑施工员、安全员、质量工程师、资料员。超半数被认定为不需要的工种包括镶贴工、砌筑工、水泥制品工、水泥混凝土制品工、抹灰工、架子工、管工、钢筋工、标准员。如图2-32所示。

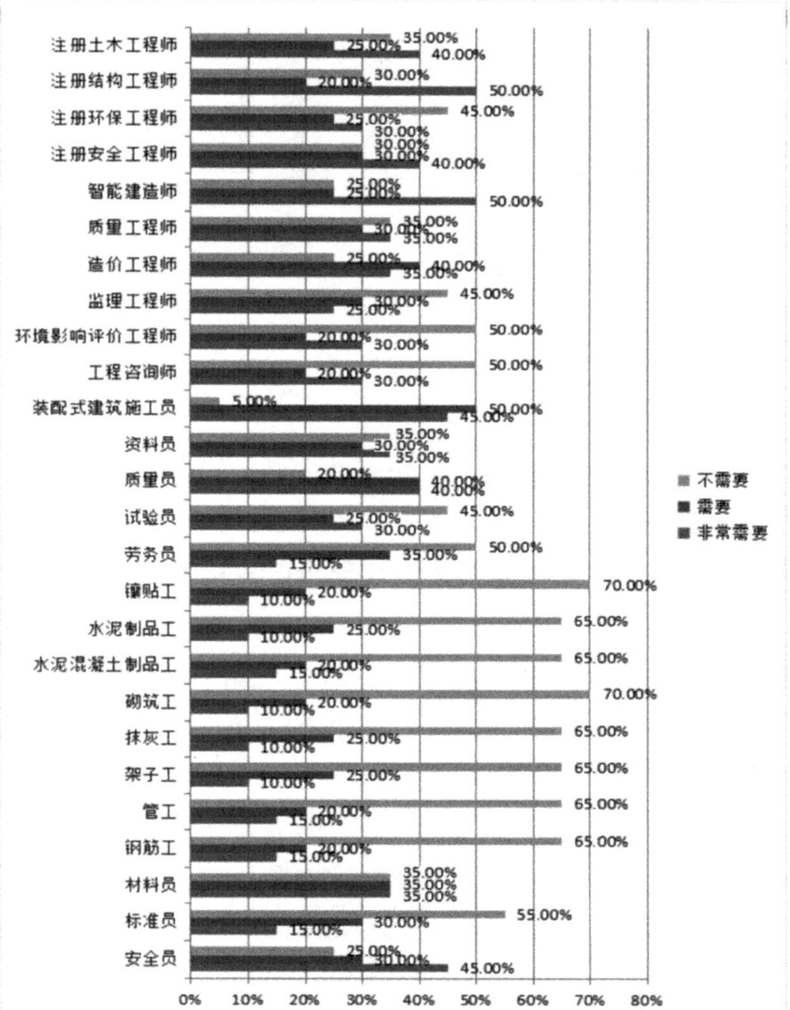

图 2-32　职业资格认可情况

2.3.4 企业对毕业生应取得“1＋X”证书的建议

调研结果显示，55%的企业认为建筑工程施工工艺实施与管理和土木工程混凝土材料检测两个证书在校期间应取得，其次建筑工程识图和建筑信息模型（BIM）和装配式建筑构件制作与安装，均为50%。如图2-34所示。

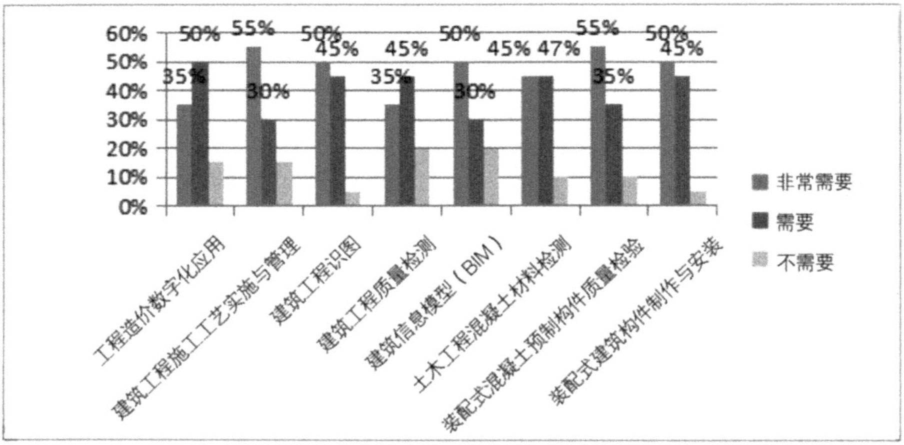

图 2-33　企业对毕业生应取得“1+X”证书建议

2.4 绿色建筑行业技术技能人才现状和特点分析

课题组同上海环盟投资咨询有限公司合作，根据2016—2020年（五年）国家统计局公布数据，获得建筑业规模、建筑业总产值增长率、建筑业从业人数和绿色建筑业规模及绿色建筑业规模增长率等，这些数据可作为绿色建筑行业现从业人数和技术技能人才数量预测的基础数据。如表2-29所示。

表 2-29　预测基础数据

年份	建筑行业		绿色建筑行业		建筑行业企业	
	市场规模（万亿元）	增长率（%）	市场规模（万亿元）	增长率（%）	从业人员（万人）	增长率（%）
2016	19.36	—	0.83	—	5184.50	—
2017	21.39	10.53	1.13	36.14	5529.63	6.66
2018	22.58	5.55	1.51	33.63	5305.23	-4.06
2019	24.84	10.02	1.92	27.15	5427.08	2.30
2020	26.39	6.24	2.51	30.73	5366.98	-1.11

2.4.1 2021 年绿色建筑行业从业人员总量

经过计算统计，2021年绿色建筑行业从业人员为614. 79万人，比2020年增加21. 6%，详见表2-30，具体计算过程如下。

根据国家统计局公布的建筑行业的产业规模、从业人数和绿色建筑行业的产业规模等数据，课题组应用人力资源常用的产业规模比例的方法，对绿色建筑行业从业人数进行了计算。具体算法：绿色建筑企业从业人员数量＝建筑业从业人员数据量×（绿色建筑行业规模/建筑业行业规模）。考虑绿色建筑市场增长迅速，而建筑业市场规模增长缓慢，因此上述计算法不足以反映绿色建筑行业实际需求数量，所以在计算算值进行修正，即修正后的绿色建筑企业从业人员数量＝建筑业从业人员数据量×（绿色建筑行业规模/建筑业行业规模）×（1＋修正系数），修正后的数量即为实际从业人员。

修正系数的确定：2016—2020年，建筑产业规模增长率平均为8%左右，绿色产业规模增长率平均为30%左右，增长率平均值之差为22%，根据人力资源测算经验，在课题组组织行业企业专家论证后，确认绿色建筑行业从业人员修正系数取12%。

根据上述计算方法，计算出2018—2020年3年的从业人员数量和增长，如表2-30所示。

表 2-30　绿色建筑行业从业人员

年份	建筑行业		绿色建筑行业		绿色建筑行业企业		绿色建筑行业企业	
	总产值（万亿元）	增长率（%）	市场规模（万亿元）	增长率（%）	从业人员（万人）	增长率（%）	修正后（实际）的从业人员（万人）	增长率
2016	19.36	—	0.83	—	222.31	—	248.87	—
2017	21.39	10.53	1.13	36.14	292.06	31.38	326.02	31.00
2018	22.58	5.55	1.51	33.63	354.75	21.46	397.08	21.80
2019	24.84	10.02	1.92	27.15	419.41	18.23	475.64	19.78
2020	26.39	6.24	2.51	30.73	510.37	21.69	581.60	22.28
2021	28.31	7.27	3.28	30.50	614.79	20.46	705.39	21.29

根据表2-35中的数据，计算获得2018—2020年三年绿色建筑行业的从业人数增长率为21.29%，根据历史增长率平均值法计算2021年绿色建筑行业从业人员总量，具体计算方法：当年从业人数＝前一年从业人数×（1＋前三年从业人数平均增长率）。

2.4.2 2021年绿色建筑行业从业人员学历层次结构

课题组根据企业规模在东北、华北、华东、华中、华南和西部六大地区各选取10家企业，对中国建筑股份有限公司等60家绿色建筑企业的从业人员学历层次进行了调查。60家企业的从业人员中，本科学历的占10.68%、专科学历的占15.87%、中职学历的为12.69%，高中及以下学历的占60.76%，如图2-34所示。调整结果显示，低学历从业人员占比高，不能适应建筑产业绿色、智能的现代化产业需求。按中职（含高中及以下）、专科、本科及以上来划分，从业人员结构为金字塔形。

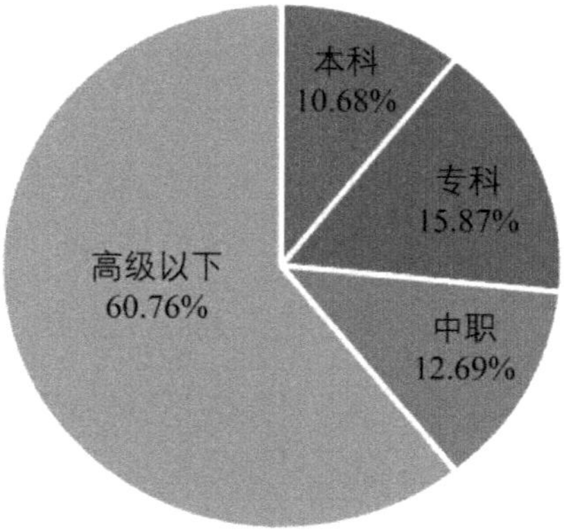

图2-34 2021年绿色建筑行业从业人员学历结构

2.4.3 从业人员岗位群结构

绿色建筑企业岗位按照工作性质可分为研发岗位、管理岗位、生产岗位和其他岗位。研发人员占15.30%、生产人员占37.96%、管理人员占4.07%、其他岗位占41.83%。如图2-35所示。

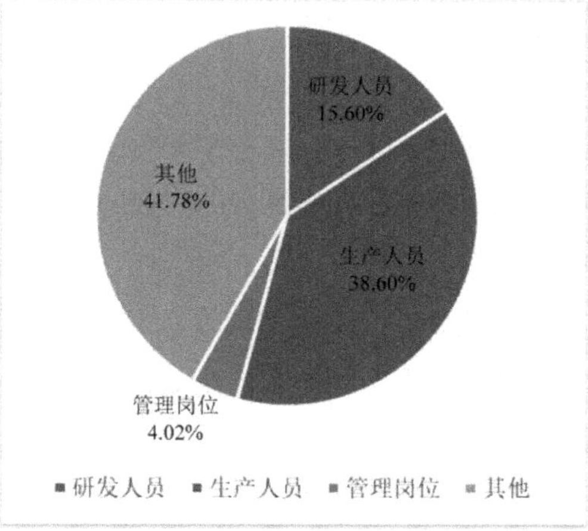

图 2-35　2021 年从业人员岗位类型

2.4.4 绿色建筑行业从业人员职业技能结构

经调查，绿色建筑企业的从业人员在大中小型企业中的平均占比为：无技能证书的占33. 20%、初级工占49.66%、中级工占12.97%、高级工占4.17%，可见从业人员的技能水平普遍较低，亟待提高。企业从业人员职业技能等级情况如图2-36所示。

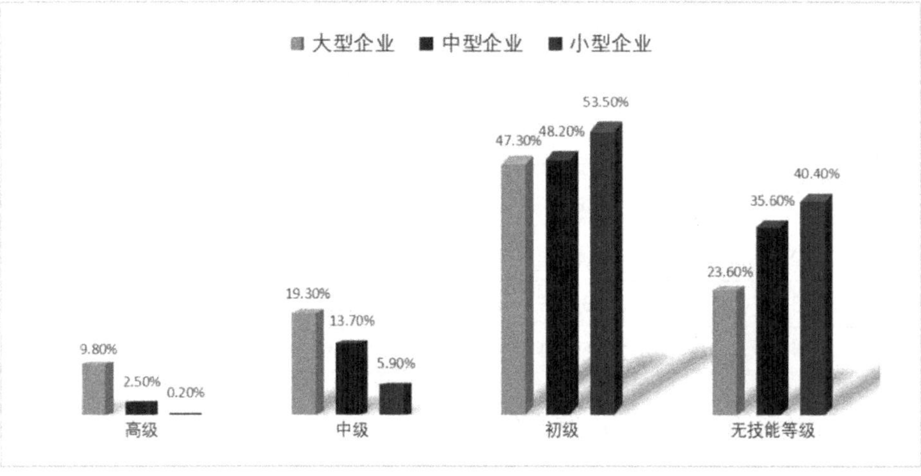

图 2-36　企业从业人员职业技能等级情况

2.5 绿色建筑行业技术技能人才需求情况分析

2021年，中共中央办公厅、国务院办公厅印发的《关于推动城乡建设绿色发展的意见》（以下简称《意见》）明确指出，到2025年，建设方式绿色转型成效显著，碳减排扎实推进，城市整体性、系统性、生长性增强，绿色生活方式普遍推广。到2035年，城乡建设全面实现绿色发展，碳减排水平快速提升，城市和乡村品质全面提升。《意见》提出，转变城乡建设发展方式，建设高品质绿色建筑，开展绿色建筑、节约型机关、绿色学校、绿色医院创建行动。《“十四五”建筑业发展规划》中提到，到2035年，建筑工业化、数字化、智能化水平大幅提升，建造方式绿色转型成效显著，装配式建筑占新建建筑的比例达到30%以上，中级工以上建筑工人达1000万人以上。

2.5.1 未来三年绿色建筑行业从业人员总量预测

根据表2-35中2021年绿色建筑行业从业人数和2019年、2020年、2021年三年绿色建筑行业从业人员平均增长率（21%），应用历史增长率平均值法计算2022年绿色建筑行业从业人员总量，依次类推预测2023年和2024年绿色建筑行业从业人员数量（见表2-31），2022—2024年3年的从业人员总量为3152. 81万人，人才需求总缺口为554. 55万人。

表 2-31　2022—2024 年 3 年绿色建筑行业从业人员总量预测

年份	预测从业人员（万人）	增长率（%）	人才需求缺口（万人）
2021	705.39	—	—
2022	854.34	21.12	148.95
2023	1038.53	21.56	184.19
2024	1259.94	21.32	221.41

2.5.2 技术技能人才学历层次结构预测

课题组对六大地区60家企业从业人员技术技能人才学历层次结构和岗位

结构进行了调查，结果显示，本科学历占10%左右，专科学历占15%左右、中职学历为13%左右、技术技能人才占总从业人员的40%左右。

根据国家统计局发布的《2021年农民工监测调查报告》显示，2021年全国农民工总量29251万人，比上年增加691万人，增长2.4%。其中，外出农民工17172万人。全部农民工中有19%左右进入建筑行业。依此测算，2021年建筑行业农民工总数约5600万人，其中，高中以下学历人数约3200万人，占比57%左右。因此，可以判断建筑从业人员中，高中以上学历的技术技能人才占比为40%左右，与课题组调查结果基本一致。

根据2022—2024年3年绿色建筑行业的预测从业人数(见表2-31），基于上述不同学历层次技术技能人才所占比例，计算获得不同层次技术技能人才的需求预测数据，如表2-32所示。

通过上述预测，2022—2024年绿色建筑行业本科、高职专科和中职3个学历层次的人才缺口总量为210.72万人，其中，本科缺口55.45万人、高职专科83.09万人、中职72.09万人。

表 2-32　2022—2024 年技术技能人才学历层次从业人数

单位：万人

年份	本科	本科缺口	专科	专科缺口	中职	中职缺口
2021	70.54	—	105.81	—	91.70	—
2022	85.43	14.89	128.15	22.34	111.06	19.36
2023	103.85	18.42	155.78	27.63	135.01	23.95
2024	125.99	22.14	188.99	33.21	163.79	28.78
总计	385.81	55.45	578.73	83.18	409.86	72.09

2.5.3 技术技能人才的岗位结构需求预测

绿色建筑企业岗位按照工作性质可分为研发岗位、管理岗位、生产岗位和其他岗位。根据课题组对六大地区60家企业从业人员岗位结构的调查发现，不同层次学历的技术技能人才岗位占比如表2-38所示。基于调查比例，根据2022—2024年3年本科、高职和中职的需求人数（缺口）（见表2-32），各学历层次的技术技能岗位需求（缺口）进行预测，如表2-33所示。2022—2024年3年研发岗位缺口12.81万，生产岗缺口137.76万，管理岗缺口38.67万，其他岗缺口33.01万。

表 2-33 2022—2024 技术技能人才岗位需求预测

学历层次	研发岗		生产岗		管理岗		其他岗	
	占比（%）	需求人数（万人）	占比（%）	需求人数（万人）	占比（%）	需求人数（万人）	占比（%）	需求人数（万人）
本科	2.31	12.81	28.92	16.04	58.47	32.42	10.3	5.71
专科	—	—	75.82	63.07	7.29	6.06	16.89	14.05
中职	—	—	81.35	58.65	0.26	0.19	18.39	13.25
合计	—	12.81	—	137.76	—	38.67	—	33.01

2.6 企业职业岗位变化及对技术技能人才培养的要求分析

2.6.1 绿色建筑行业技术技能型岗位变化

课题组对41个绿色建筑相关企业的岗位进行了调查，由于绿色建筑工业化、数字化、智能化水平不断提升，在传统建筑企业中出现了BIM工程师、装配式建筑深化设计师、绿色建筑工程师等新岗位。绿色建筑行业岗位设置情况如表2-34所示。

表 2-34 绿色建筑行业岗位变化情况

企业类型	传统岗位	绿色建筑岗位	对应层次
房地产开发企业	土建工程师、水暖工程师、电气工程师、土建造价师	BIM 工程师	高职本科
	技术员、招投标专员、资产管理专员、策划专员	中、高级 BIM 建模员	高职专科
	营销专员、合同管理专员	初级 BIM 建模员	中职
建筑施工总承包企业	项目经理、技术负责人、生产经理	绿色建筑工程师、BIM 工程师、智能建造师	高职本科

（续表）

企业类型	传统岗位	绿色建筑岗位	对应层次
	施工员、技术员、预算员、质检员	中（高）级 BIM 建模员、装配式建筑施工员、安环员	高职专科
	测量员、材料员、资料员	智能建筑设备操作员	中职
建筑专业分包施工企业	给排水工程师、暖通工程师、幕墙工程师、机电工程师	绿色建筑工程师、弱电智能化工程师、消防工程师	高职本科
	施工员、技术员、预算员、质检员、设备员	中（高）级 BIM 建模员、装配式建筑施工员、安环员	高职专科
	测量员、材料员、资料员	智能建筑设备操作员	中职
建筑设计企业	建筑设计师、结构设计师、设备设计师、电气设计师、钢结构设计师、幕墙设计师	BIM 设计师、装配式建筑深化设计师、绿色建筑工程师	高职本科
	设计员、安环员	中（高）级 BIM 建模员	高职专科
	制图员、材料员	初级 BIM 建模员	中职
建筑研发企业	建筑研发工程师、建筑设备研发工程师、建筑咨询师	装配式建筑研发工程师、被动式超低能耗建筑研发工程师、绿色建筑咨询师	高职本科
装配式构件等绿色建筑制造企业	—	装配式建筑深化设计师、工程师	高职本科
	—	技术员、质检员、设计员、中控室操作员	高职专科
	—	智能设备操作员、安环专员、制图员、智能设备巡检员	中职

2.6.2 新技术新工艺对企业岗位变化的职业能力的新要求

绿色建筑行业企业对技术技能型人才的职业能力要求与绿色建筑新技术、新设备的应用密切相关，也与智能制造和智能建造等战略目标、工作模式、工作内容等变化息息相关。另外，新技术和新设备会直接带来新岗位和原岗位的复合，对岗位职业能力提出新的要求。

（1）房地产开发企业岗位变化对典型职业能力的新要求

房地产市场是调控国内经济的重要杠杆，随着装配式建筑融入房地产市场和BIM技术的应用，引起房地产开发岗位群的多项业务和工作职责的变化，其典型职业能力要求也相应地发生变化，房地产开发企业岗位变化对职业能力的新要求如表2-35所示。

表 2-35　房地产开发企业岗位变化对职业能力的新要求

企业类型	新增岗位名称	典型职业活动	典型职业能力
房地产开发企业	BIM 工程师	BIM 建模	依据图纸正向建模的能力 依据模型反向出图的能力
		BIM 算量	依据 BIM 模型计算工程量的能力
		BIM 投标	依据 BIM 模型设计招投标文件的能力
		碰撞检验	依据 BIM 模型进行管线的碰撞检验的能力

（2）建筑施工总承包企业岗位变化对典型职业能力的新要求

智能建造的出现颠覆了传统的施工技术。在加快施工速度的同时，也提高了施工质量。相应地出现了智能建造师、智能建筑设备操作员、装配式建筑施工员等工作岗位。建筑施工总承包企业岗位变化对职业能力的新要求如表2-36所示。

表 2-36　建筑施工总承包企业岗位变化对职业能力的新要求

企业类型	新增职业岗位	典型职业活动	典型职业能力
建筑施工总承包	智能建造师	智能建造施工方案编制	编制智能建造施工方案能力
		智能施工组织设计编制	编制智能施工组织设计的能力
		指导智能施工	指导智能施工的能力
	智能建筑设备操作员	智能建筑设备操作	智能建筑设备操作的能力

（3）建筑专业分包企业岗位变化对典型职业能力的新要求

在国家的大力推行下，装配式建筑的应用越来越广泛，相应的装配式施工员的岗位也越发重要。建筑专业分包企业岗位变化对职业能力的新要求如表2-37所示。

表 2-37　建筑专业分包企业岗位变化对职业能力的新要求

企业类型	新增职业岗位	典型职业活动	典型职业能力
建筑专业分包	装配式建筑施工员	装配式建筑构件生产	识读装配式建筑构件图纸的能力 装配式建筑构件生产的能力
		装配式建筑构件质检	装配式建筑构件质检能力
		装配式建筑构件安装	识读装配式建筑施工图的能力 装配式建筑构件安装能力

（4）建筑设计企业岗位变化对典型职业能力的新要求

BIM技术的应用和装配式施工技术的实施对建筑设计方式也产生了巨大的变化。增加了BIM技术建模和装配式深化设计等工作岗位。新技术的出现在建筑设计岗位群中的应用会越来越广泛，建筑设计企业岗位变化对职业能力的新要求如表2-38所示。

表 2-38　建筑设计企业岗位变化对职业能力的新要求

企业类型	新增职业岗位	典型职业活动	典型职业能力
建筑设计	装配式建筑深化设计师	装配式建筑方案设计	装配式建筑方案设计能力
		装配式建筑构件拆分设计	装配式建筑构件拆分设计能力

（5）建筑研发企业岗位变化对典型职业能力的新要求

科技研发是一种创造性的劳动，新技术、新设备、新材料的研发是推动绿色建筑发展的动力。装配式建筑研发工程师、被动式超低能耗建筑研发工程师、绿色建筑咨询师等岗位是建筑研发岗位群的重点岗位。建筑研发企业岗位变化对职业能力的新要求如表2-39所示。

表 2-39　建筑研发企业岗位变化对职业能力的新要求

企业类型	新职业岗位	典型职业活动	典型职业能力
建筑研发	装配式建筑研发工程师	装配式建筑构件研发	研发装配式建筑构件的能力
		装配式建筑构件连接技术研发	研发装配式建筑构件连接技术的能力
		装配式施工工艺研发	研发新型装配式施工工艺的能力

（续表）

企业类型	新职业岗位	典型职业活动	典型职业能力
建筑研发	被动式超低能耗建筑研发工程师	研发被动式超低能耗建筑材料	研发被动式超低能耗建筑材料的能力
		研发被动式超低能耗建筑施工工艺	研发被动式超低能耗建筑施工工艺的能力
	绿色建筑咨询师	绿色建筑方案设计	设计绿色建筑方案的能力
		绿色建筑鉴定	鉴定绿色建筑的能力

（6）绿色建材企业岗位变化对典型职业能力的新要求

建材生产是绿色建筑生产的基础。新型建材的研发和生产是促进行业发展的基础。绿色建材生产企业岗位变化对职业能力的新要求如表2-40所示。

表 2-40　绿色建材生产企业岗位变化对职业能力的新要求

企业类型	新增职业岗位	典型职业活动变化	典型职业能力
绿色建材生产	环保专员	保护环境	策划保护环境方案的能力 组织环境保护活动的能力
		环境治理	实施环境保护措施的能力
	装配式建筑构件制作工	装配式建筑 PC 构件生产	识读装配式建筑构件拆分图 装配式建筑构件质量检测

2.6.3 不同岗位对职业素质的新要求

在人才培养过程中，除了注重知识和业务本身，还需要加强学生的综合素质培养。绿色建筑行业涉及住房安全，关系到国计民生，对员工的基本素质和职业道德的要求也越来越高。除了具有专业知识和专业基本技能之外，适用于绿色建筑行业所有岗位群岗位的综合素质有责任心、安全意识、执行能力、应变能力和团队合作能力等。在此基础上，每个专业还重点培养专业型人员的素质能力。如建筑设计岗位群的装配式建筑深化设计师岗位重点培养计划与组织能力，绿色建材生产岗位群的质检员岗位则重点培养心理耐受力和决策能力，等等。如表2-41所示。

表 2-41　绿色建筑行业相关岗位通用能力和职业素质要求

序号	企业类型	对应的主要岗位	各专业素质	职业素质
1	房地产开发	土建工程师、水暖工程师、电气工程师、市政工程师、造价师、BIM 工程师、招投标专员、资产管理专员、合同管理专员、策划专员、营销专员	计划组织、沟通能力	职业道德、完成任务、专业技能、工作态度、基本技能、团结协作、质量意识工匠精神、安全意义、“四节一环保”意识
2	建筑施工总承包	项目经理、技术负责人、施工员、技术员、质检员、安环员、测量员、预算员、材料员、资料员、BIM 工程师、智能建造师、智能建筑设备操作员、装配式建筑施工员	执行能力、持续性、坚韧性	
3	建筑专业分包	给排水工程师、暖通工程师、幕墙工程师、机电工程师、弱电智能化工程师、消防工程师、园林景观工程师	执行能力、坚韧性、关注细节	
4	建筑设计	设计师、效果图渲染师、BIM 建模工程师、钢结构设计师、幕墙设计师、园林景观设计师、装配式建筑深化设计师	计划组织、创新能力、应变能力	
5	建筑研发	装配式建筑研发工程师、被动式超低能耗建筑研发工程师、绿色建筑咨询师	团队意识、学习能力	
6	绿色建材生产	工程师、技术员、质检员、中控室操作员、智能设备巡检员、智能设备操作员、环保专员、安全专员、余热发电工、脱硫脱硝操作工、生产数据中心管理员	执行能力、坚韧性、关注细节	

2.7 对职业院校相关技术技能人才培养的建议

2.7.1 瞄准市场调整专业，实现供给需求匹配

专业设置方面，在广泛调研的前提下，对建筑类各种专业进行人才需求预测、产业发展前景分析、人才培养目标、能力结构、专业开办条件，以及专业建设的社会可利用资源、本专业的特色等方面进行评议与论证，增加装配式构件智能制造、装配式施工技术、智能建造等专业，确保专业的设置适应市场需要，确保专业设置定向明确，专业建设目标清楚，人才培养特色鲜明。同时，

针对社会需求的不确定性，还要定期进行专业调整、改造，给老专业赋予新的活力，突出办学特色，使培养的人才急需、能用、好用。

2.7.2 立足校内培养，拓展社会培训，招生规模适度扩大

近几年，我国建筑业高速发展，人才需求旺盛，尤其对在生产一线从事技术、管理的技能型人才需求最大，这类人才就是我们的培养目标。我们的培养目标定位于为建筑施工企业培养生产一线的应用型与管理型人才，与其对应的岗位群就是企业的土建工长、水电工长、装饰工长、预算员、质检员、工程测量员等。这些岗位市场需求大，也是新升格的本科院校学科发展的首个突破方向。

2.7.3 调整课程体系，升级教学内容

将信息化技术、数字化技术融入专业课程中，培养适应行业发展的技术技能人才。整合课程与教学内容：以就业为导向，以全面素质为基础，德技并重。对传统的基础课、专业基础课、专业课的课程结构安排进行调整，不断根据岗位新要求更新教学内容，将教学内容分成若干模块，并将这些教学模块与实践教学有机结合。

第3章　职业院校相关专业设置与人才培养情况分析

为了掌握全国职业院校绿色建筑（类）专业设置与人才培养情况，笔者对全国31个省（区、市）的819所高职院校、1700余所中职院校和11所高职本科院校进行了调研和数据分析。

3.1 涵盖的专业说明

绿色建筑以人、建筑和自然环境的协调发展为目标，尽量合理布局，减少使用合成材料，充分利用阳光，节省能源，为居住者创造一种接近自然的感觉。绿色建筑的评价指标体系：安全耐久、健康舒适、生活便利、资源节约、环境宜居。对照教育部高职本科、高职专科和中职专业目录（2019），根据专业与绿色建筑指标体系紧密相关度和招生情况等，确定了与绿色建筑相关的专业调查样本。高职专科和中职分别选取10个专业作为本调查的样本专业，高职本科选取了工程造价等5个专业调查样本。绿色建筑性能指标与专业对应关系如表3-1所示。

表 3-1　绿色建筑性能指标与专业对应关系

绿建性能指标	对应的高职本科专业	对应的高职专科专业	对应的中职专业
安全耐久	建筑设计、建筑工程	建筑工程技术、建筑钢结构工程技术	建筑工程施工、道路与桥梁工程施工、工程材料检测技术
生活便利	建筑电气与智能化工程、市政工程	建筑电气工程技术、建筑智能化工程技术	楼宇智能化设备安装与运行、市政工程施工
健康舒适	园林景观工程、建筑装饰工程	供热通风与空调工程技术、建筑设备工程技术	建筑设备安装
资源节约	工程造价、建设工程管理、智能建造工程	工程造价、建设工程管理	工程造价、硅酸盐工艺及工业控制
环境宜居	房地产投资与策划、园林景观工程、建筑装饰工程	建筑装饰工程技术、建筑室内设计	建筑装饰、建筑与工程材料

对中等职业院校调查的专业包括：建筑工程施工、建筑装饰、工程造价、建筑设备安装、楼宇智能化设备安装与运行、市政工程施工、道路与桥梁工程施工、工程材料检测技术、建筑与工程材料、硅酸盐工艺及工业专业等10个专业，见表3-2。中职院校绿色建筑相关专业新旧对照如表3-3所示。

表 3-2　高职、中职绿色建筑相关专业调查样本

单位：人

中职层次专业	2021 在校生	高职高专层次专业	2021 在校生
建筑工程施工	234972	工程造价	242197
建筑装饰	72587	供热通风与空调工程技术	5020
工程造价	57939	建设工程管理	62168
建筑设备安装	4094	建筑电气工程技术	6349
楼宇智能化设备安装与运行	8262	建筑钢结构工程技术	2531
市政工程施工	4775	建筑工程技术	192924
道路与桥梁工程施工	13003	建筑设备工程技术	5912
工程材料检测技术	72	建筑室内设计	87600
建筑与工程材料	2622	建筑智能化工程技术	24745
硅酸盐工艺及工业控制	2543	建筑装饰工程技术	54562

表 3-3　中职建筑及相关专业新旧对照表

序号	原专业代码	原专业名称	新专业代码	新专业名称	备注	是否是调查专业
1	040100	建筑工程施工	640301	建筑工程施工	保留	是
2	040700	楼宇智能化设备安装与运行	640401	建筑智能化设备安装与运维	更名	是
3	040600	建筑设备安装	640402	建筑水电设备安装与运维	更名	是
4	040800	供热通风与空调施工运行	640403	供热通风与空调施工运行	保留	是
5	040500	工程造价	640501	建筑工程造价	更名	是
6	041300	道路与桥梁工程施工	700201	道路与桥梁工程施工	归属调整	是
7	050300	工程材料检测技术	630703	建筑材料检测技术	归属调整 更名	是
8	050800	建筑与工程材料	630702	新型建筑材料生产技术	归属调整 更名	是
9	050900	硅酸盐工艺及工业控制	630701	建筑材料智能生产技术	归属调整 更名	是
10	040200	建筑装饰	640102	建筑装饰技术	更名	是
11	041200	市政工程施工	640601	市政工程施工	保留	是
12	040300	古建筑修缮与仿建	640103	古建筑修缮	更名	否
13	040400	城镇建设	640201	城镇建设	保留	否
14	041700	土建工程检测	640303	建筑工程检测	更名	否
15	040900	建筑表现	640101	建筑表现	保留	否
16	041100	给排水工程施工与运行	640602	给排水工程施工与运行	保留	否
17	041000	城市燃气输配与应用	640603	城市燃气智能输配与应用	更名	否
18	122000	房地产营销与管理	640701	房地产营销	归属调整 更名	否
19	180700	物业管理	640702	物业服务	归属调整 更名	否
20			640302	装配式建筑施工	新增	否
21			640502	建设项目材料管理	新增	否

对高职专科调查的专业包括：工程造价、供热通风与空调工程技术、建设工程管理、建筑电气工程技术、建筑钢结构工程技术、建筑工程技术、建筑设

备工程技术、建筑室内设计、建筑智能化工程技术、建筑装饰工程技术等10个专业，见表3-2。高职专科院校绿色建筑相关专业新旧对照如表3-4所示。

表 3-4　高职专科建筑及相关专业新旧专业对照表

序号	原专业代码	原专业名称	新专业代码	新专业名称	备注	是否是调查专业
1	540501	建设工程管理	440502	建设工程管理	合并	是
2	540504	建设项目信息化管理				否
3	540102	建筑装饰工程技术	440102	建筑装饰工程技术	保留	是
4	540104	建筑室内设计	440106	建筑室内设计	保留	是
5	540301	建筑工程技术	440301	建筑工程技术	保留	是
6	540304	建筑钢结构工程技术	440303	建筑钢结构工程技术	保留	是
7	540401	建筑设备工程技术	440401	建筑设备工程技术	保留	是
8	540403	建筑电气工程技术	440402	建筑电气工程技术	保留	是
9	540402	供热通风与空调工程技术	440403	供热通风与空调工程技术	保留	是
10	540404	建筑智能化工程技术	440404	建筑智能化工程技术	保留	是
11	540502	工程造价	440501	工程造价	保留	是
12	530702	建筑材料检测技术	430704	建筑材料检测技术	保留	否
13	540101	建筑设计	440101	建筑设计	保留	否
14	540103	古建筑工程技术	440103	古建筑工程技术	保留	否
15	540106	园林工程技术	440104	园林工程技术	保留	否
16	540105	风景园林设计	440105	风景园林设计	保留	否
17	540702	房地产检测与估价	440702	房地产智能检测与估价	更名	否
18	540203	城市信息化管理	440202	智慧城市管理技术	更名	否
19	540201	城乡规划	440201	城乡规划	保留	否
20	540503	建筑经济管理	440503	建筑经济信息化管理	更名	否
21	540505	建设工程监理	440504	建设工程监理	保留	否
22	540601	市政工程技术	440601	市政工程技术	保留	否
23			440302	装配式建筑工程技术	新增	否
24			440304	智能建造技术	新增	否

高职本科2019年开始招生，建筑类专业只有5个，2021年增至10个，本调查选取教育部高职本科目录（2019）中的建筑设计、土木工程、工程造价、工程管理和风景园林5个专业作为调查样本。调查的建筑类专业与新专业目录（2020）对照如表3-5所示。

表 3-5　高职本科建筑类专业新旧对照表

原专业代码	原专业名称	新专业代码	新专业名称	备注	是否是调查专业
		230602	新材料与应用技术	新增	否
		230701	建筑材料智能制造	新增	否
740301	建筑设计	240101	建筑设计	保留	否
		240102	建筑装饰工程	新增	否
		240103	古建筑工程	新增	否
740302	风景园林	240104	园林景观工程	更名	否
		240105	城市设计数字技术	新增	否
		240201	城乡规划	新增	否
740101	土木工程	240301	建筑工程	更名	否
		240302	智能建造工程	新增	否
		240303	城市地下工程	新增	否
		240304	建筑智能检测与修复	新增	否
		240401	建筑环境与能源工程	新增	否
		240402	建筑电气与智能化工程	新增	否
740201	工程造价	240501	工程造价	保留	是
740202	工程管理	240502	建设工程管理	更名	否
		240601	市政工程	新增	否
		240602	城市设施智慧管理	新增	否
		240701	房地产投资与策划	新增	否
		240702	现代物业管理	新增	否

3.2 专业设置和人才培养情况

3.2.1 专业设置情况调查

通过腾讯问卷网络平台、电子邮件和微信平台等方式，对343所职业院校进行了调查，其中，中职43所，占比为12. 5%；高职专科290所，占比84. 5%；高职本科10所，占比2. 9%。如图3-1所示。

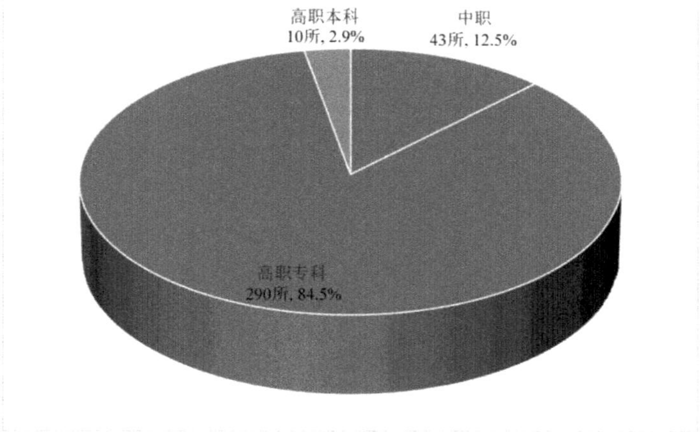

图 3-1 专业设置调研院校比例

（1）专业定位调查情况

中职层次的专业定位为“高素质劳动者和技术技能人才”，培养定位上，对应凝土工、钢筋工、检验工等技术技能操作岗位。中职各专业典型岗位群统计见表3-6。例如某中职学校对工程造价专业定位进行了如下描述：坚持立德树人，面向建筑施工、工程咨询、招标代理、房地产开发等行业企业，培养从事工程造价、工程招投标岗位的基本算量、合同文件管理、资料整理等岗位基础工作，德智体美劳全面发展的高素质劳动者和技术技能型人才。

表 3-6　中职专业典型岗位群

序号	专业名称	高职毕业后初始职业岗位（群）	3～5 年发展职业岗位（群）
1	工程造价	算量工、定额套取工、资料编制工等	造价员、施工员、招投标管理员、资料员
2	建筑工程施工	测量工、混凝土工、钢筋工、架子工、模板工等	测量员、资料员、安全员、材料员、预算员、施工员
3	道路与桥梁工程施工	测量工、混凝土工、钢筋工等	测量员、资料员、安全员、材料员、施工员
4	楼宇智能化设备安装与运行	智能化系统安装工、调试工、维护工等	智能化系统安装员、调试员
5	硅酸盐工艺及工业控制	化学分析工、理化性能检测工、工艺设备运行巡检工、生产操作工等	化学分析员、理化性能检测员、工艺设备巡检员、中控室操作员
6	工程材料检测技术	材料物理性能检测工、化学分析工、采样工、成品质量检测工等	材料检测员、资料员
7	建筑设备安装	管道安装维修工 设备安装维修工	管道安装维修员、 设备安装维修员
8	建筑与工程材料	生产操作工、原材料检验工、成品质量检测工	施工项目质检员、材料统计员、试验室实验员、建筑材料质检员
9	建筑装饰	描图工、装饰工、安装工	装饰设计师助理、装饰施工员及广告设计师助理
10	市政工程施工	生活用水工程安装维护工、污废水工程安装维护工、城市道路维护工、桥梁工程维护工	生活用水工程施工员、污废水工程施工员、水质检测员、城市道路施工员、桥梁工程施工员

高职专科层次的专业定位为“高素质技术技能人才”，培养定位上，对应施工员、造价员等高素质技术技能岗位。高职专科各专业典型岗位群统计表见表3-7。例如某高职院校对工程造价专业进行了如下描述：坚持立德树人、德技并修，面向工程造价咨询公司等行业企业，培养从事工程预结算、工程成本管理、工程招投标与合同管理、资料管理等工作，具备一定的科学文化水平及

良好的人文素养、职业道德和创新意识的素质，掌握管理学、经济学、建筑工程技术知识，拥护中国共产党领导和社会主义制度，践行社会主义核心价值观，德智体美劳全面发展的高素质技术技能人才。

表 3-7　高职专科专业典型岗位群

序号	专业名称	高职毕业后初始职业岗位（群）	3～5 年发展职业岗位（群）
1	工程造价	造价员、招投标管理员、资料员等	造价工程师、咨询工程师
2	建筑工程技术	施工员、测量员、技术员、质量员、材料员等	建筑施工工程师、技术负责人、项目经理助理等
3	建设工程管理	施工员、材料员、安全员、质检员、建筑信息模型（BIM）技术员等	项目工程师、技术经理、项目经理助理等
4	建筑智能化工程技术	建筑电气工程施工员、智能化工程施工员、建筑设备监控系统管理员消防员、安防员等	弱电智能化工程师、项目工程师、技术经理、项目经理助理等
5	供热通风与空调工程技术	暖通设备员、物业公司管理员、暖通空调系统运行维修员等	暖通工程师、设备项目经理助理、设备技术经理助理等
6	建筑钢结构工程技术	钢结构施工员、深化设计员、测量员、质检员、安全员、绘图员等	技术负责人、钢结构工程师、项目经理助理等
7	建筑设备工程技术	设备安装工程施工员、安全员、建筑设备安装监理员等	技术主管、施工项目经理、施工项目工程师、消防工程师、安全工程师
8	建筑室内设计	建筑室内施工员、监理员、造价员、设计员等	项目经理、设计主管、造价师、装饰工程师等
9	建筑装饰工程技术	装饰设计师助理、装饰施工员、监理员、质检员等	装饰设计师、装饰项目经理、装饰工程师等
10	建筑电气工程技术	电气设备员、建筑电气施工员、建筑电气工程监理员等	建筑电气工程师、项目经理、工程经理、建筑电气技术员等

高职本科层次的专业定位为“高层次技术技能人才”，培养定位上，对应项目经理、技术工程师等高级技术技能与管理相关岗位群，例如造价工程师、BIM工程师、项目经理等。例如某职业大学对工程造价专业进行了如下描述：

本专业为适应区域经济社会发展和产业结构升级需要，面向现代工程咨询行业，培养适应社会主义现代化建设需要，德智体美劳全面发展，具有土木工程技术知识和与工程造价管理相关的经济学、管理学、法律与合同等基本知识，掌握工程造价的理论、方法和手段，获得造价工程师基本训练，具备较强的建设工程项目全过程造价咨询能力与创新能力的高层次技术技能型人才。

（2）专业层次调查情况

建筑类专业层次有高职本科、高职专科、中职专科三个层次，据统计，全国开设本科专业层次的建筑类职业院校31所，开设高职专业层次的建筑类院校819所，开设中职专业层次的建筑类院校1782所。各专业层次占比如图3-2所示。

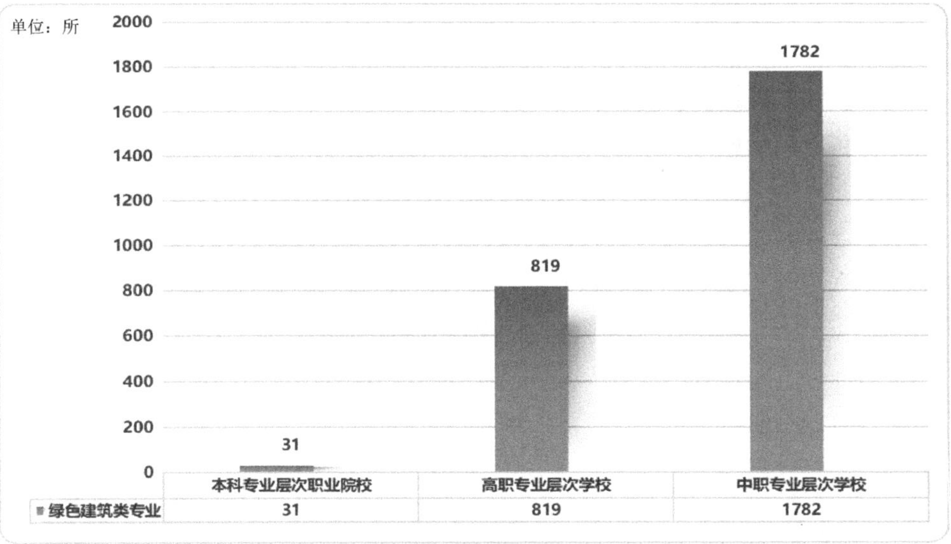

图 3-2　设置各层次建筑类专业职业院校情况

（3）专业布局和专业点数调查情况

①中职学校专业布局与布点数

2020年全国教育事业发展统计公报显示，全国共有中等职业教育学校9896所，其中具有建筑类专业的中职学校有1782所（调研数据）。

调查结果显示，东北、华北、华东、华南、华中和西部六大区域中，只有华东区的各个专业布局较为合理，每个专业都有布局；东北、华北、华南、华中和西部五个区的专业布局都不均衡，例如工程材料检测专业在东北、华北、华南、华中和西部五个区域都没有布局，在东北区域工程材料检测、建筑与工程材料两个专业都没有布局。建筑工程施工、建筑装饰、工程造价、道路与桥梁工程、楼宇智能化设备安装与运行5个专业布局较为均衡合理，六大区对应的中职学校的专业布局情况如图3-3至图3-8所示。

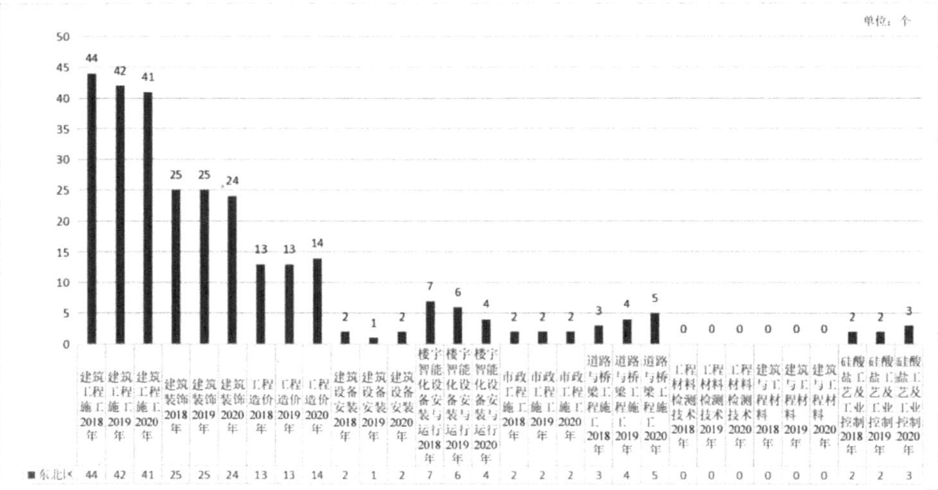

图 3-3　东北区中职专业布局

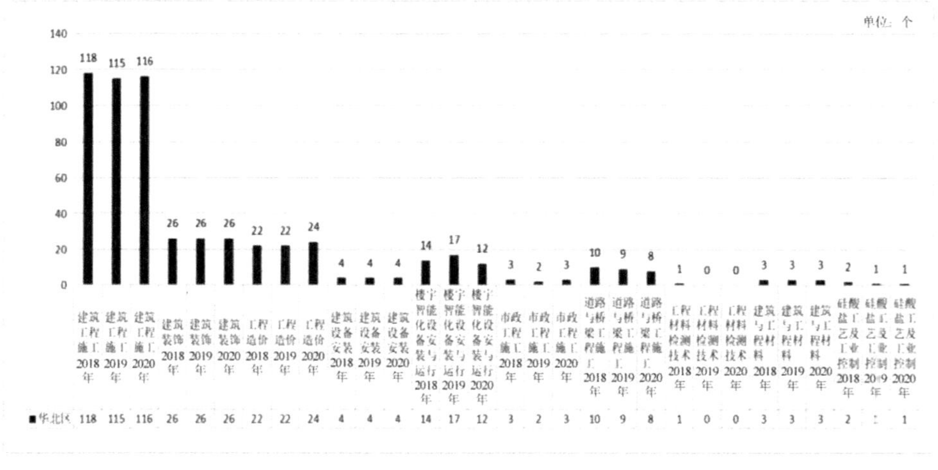

图 3-4　华北区中职专业布局

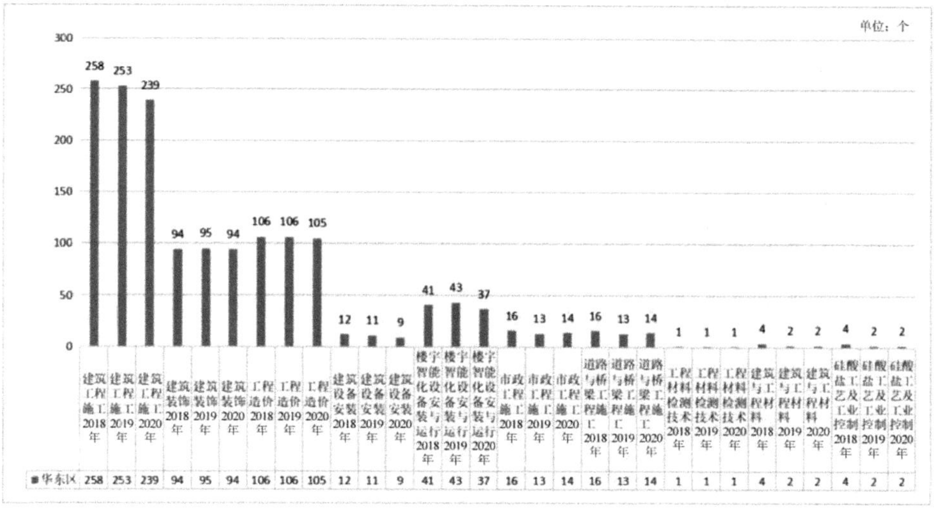

图 3-5　华东区中职专业布局

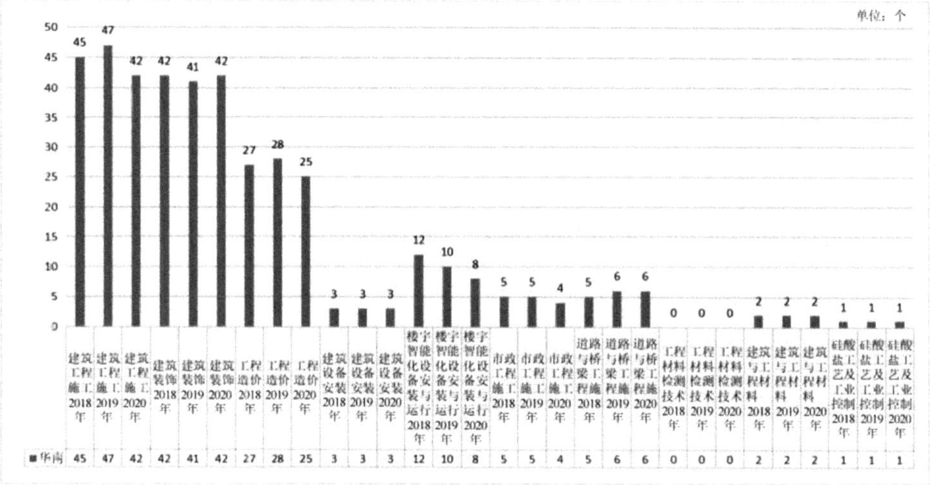

图 3-6　华南区中职专业布局

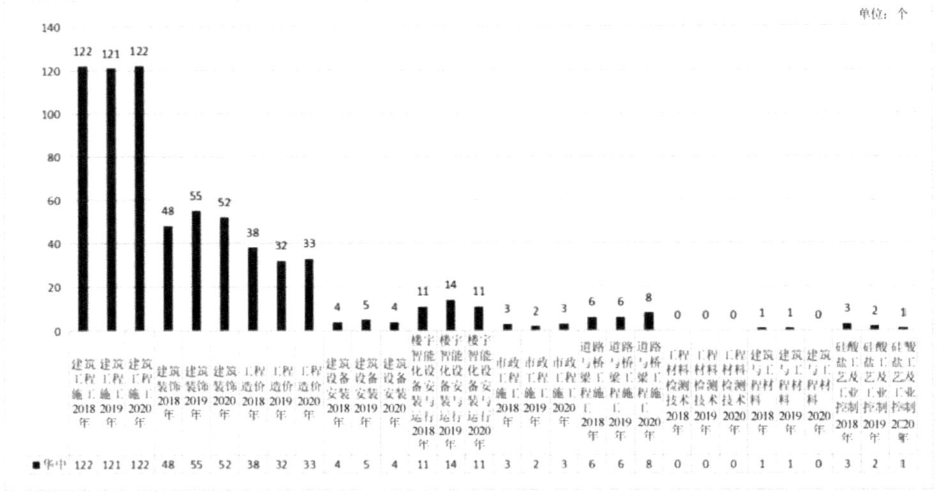

图 3-7　华中区中职专业布局

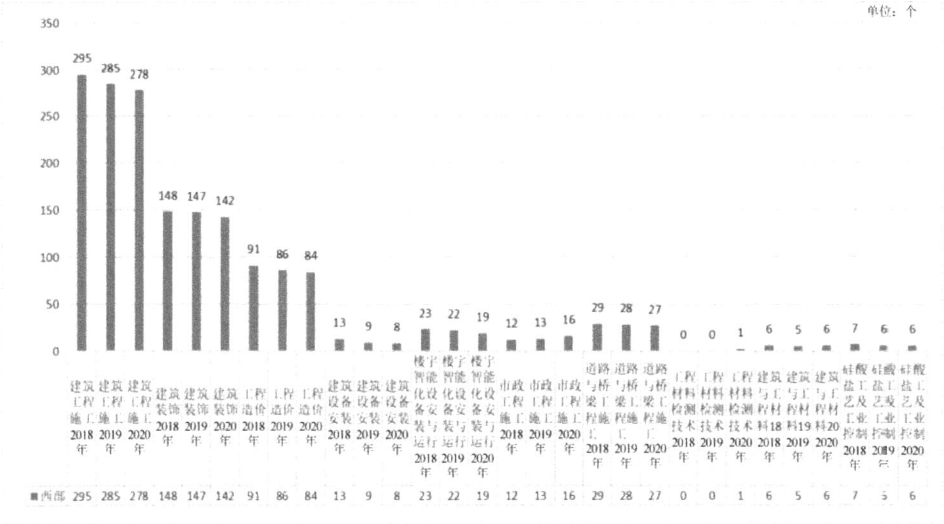

图 3-8　西部中职建筑类专业布局

在中职的建筑类专业中，专业布点数最多的3个专业是建筑工程施工、建筑装饰、工程造价和楼宇智能化设备安装与运行，专业布点数最少的是二程材料检测技术，其次是建筑与工程材料、硅酸盐工艺与工业控制，如表3-8至表3-13所示。

表 3-8　东北区中职专业点数情况汇总表

序号	专业	东北区中职专业点数（个）		
		2018 年	2019 年	2020 年
1	建筑工程施工	44	42	41
2	建筑装饰	25	25	24
3	工程造价	13	13	14
4	建筑设备安装	2	1	2
5	楼宇智能化设备安装与运行	7	6	4
6	市政工程施工	2	2	2
7	道路与桥梁工程施工	3	4	5
8	工程材料检测技术	0	0	0
9	建筑与工程材料	0	0	0
10	硅酸盐工艺及工业控制	2	2	3

表 3-9　华北区中职专业点数情况汇总表

序号	专业	华北区中职专业点数（个）		
		2018 年	2019 年	2020 年
1	建筑工程施工	118	115	116
2	建筑装饰	26	26	26
3	工程造价	22	22	24
4	建筑设备安装	4	4	4
5	楼宇智能化设备安装与运行	14	17	12
6	市政工程施工	3	2	3
7	道路与桥梁工程施工	10	9	8
8	工程材料检测技术	1	0	0
9	建筑与工程材料	3	3	3
10	硅酸盐工艺及工业控制	2	1	1

表 3-10　华东区中职专业点数情况汇总表

序号	专业	华东区中职专业点数（个）		
		2018 年	2019 年	2020 年
1	建筑工程施工	258	253	239
2	建筑装饰	94	95	94
3	工程造价	106	106	105
4	建筑设备安装	12	11	9
5	楼宇智能化设备安装与运行	41	43	37
6	市政工程施工	16	13	14
7	道路与桥梁工程施工	16	13	14
8	工程材料检测技术	1	1	1
9	建筑与工程材料	4	2	2
10	硅酸盐工艺及工业控制	4	2	2

表 3-11　华南区中职专业点数情况汇总表

序号	专业	华南区中职专业点数（个）		
		2018 年	2019 年	2020 年
1	建筑工程施工	45	47	42
2	建筑装饰	42	41	42
3	工程造价	27	28	25
4	建筑设备安装	3	3	3
5	楼宇智能化设备安装与运行	12	10	8
6	市政工程施工	5	5	4
7	道路与桥梁工程施工	5	6	6
8	工程材料检测技术	0	0	0
9	建筑与工程材料	2	2	2
10	硅酸盐工艺及工业控制	1	1	1

表 3-12　华中区中职专业点数情况汇总表

序号	专业	华中区中职专业点数（个）		
		2018 年	2019 年	2020 年
1	建筑工程施工	122	121	122
2	建筑装饰	48	55	52
3	工程造价	38	32	33
4	建筑设备安装	4	5	4
5	楼宇智能化设备安装与运行	11	14	11
6	市政工程施工	3	2	3
7	道路与桥梁工程施工	6	6	8
8	工程材料检测技术	0	0	0
9	建筑与工程材料	1	1	0
10	硅酸盐工艺及工业控制	3	2	1

表 3-13　西部地区中职专业点数情况汇总表

序号	专业	西部地区中职专业点数（个）		
		2018 年	2019 年	2020 年
1	建筑工程施工	295	285	278
2	建筑装饰	148	147	142
3	工程造价	91	86	84
4	建筑设备安装	13	9	8
5	楼宇智能化设备安装与运行	23	22	19
6	市政工程施工	12	13	16
7	道路与桥梁工程施工	29	28	27
8	工程材料检测技术	0	0	1
9	建筑与工程材料	6	5	6
10	硅酸盐工艺及工业控制	7	6	6

②高职专科专业布局与专业点数

据统计，2020年高职（专科）院校共1468所，其中设置建筑类专业的院校819所，占55. 79%。

华北、华东、华中和西部四大区域各专业布局相对均衡合理；东北区建筑智能化工程技术专业布局不均衡，专业点数较少，只占该专业总专业点数的0. 1%；华南区的建筑钢结构工程技术专业没有布点；如图3-9、表3-14所示。

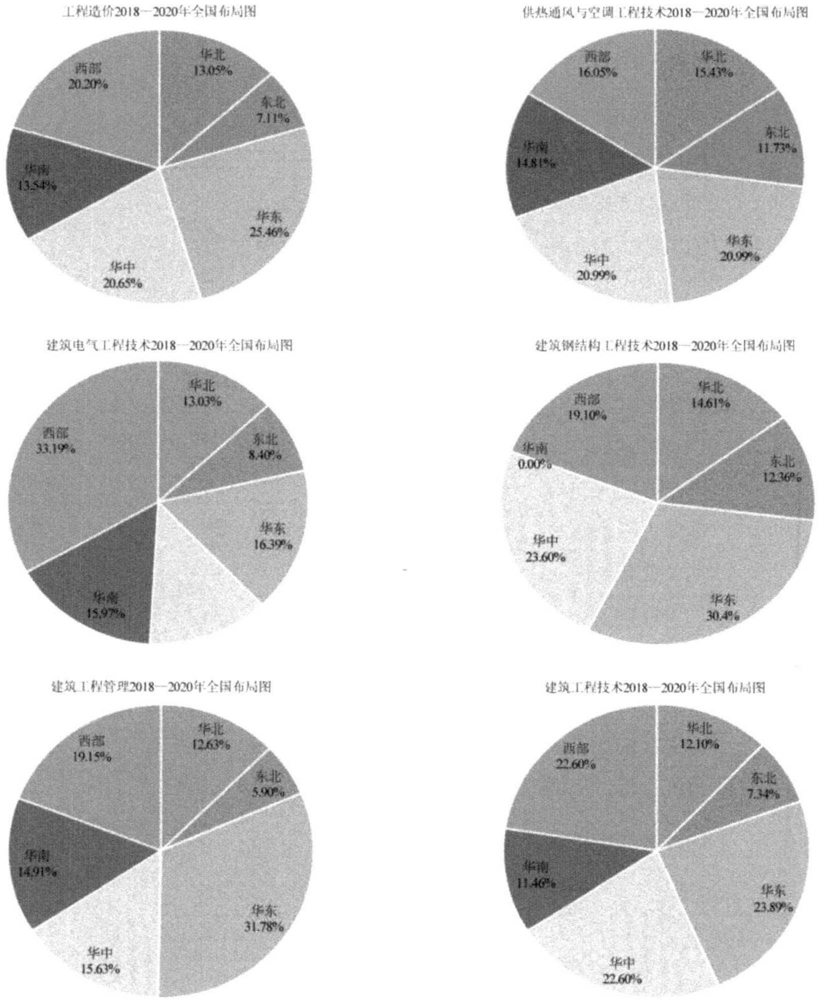

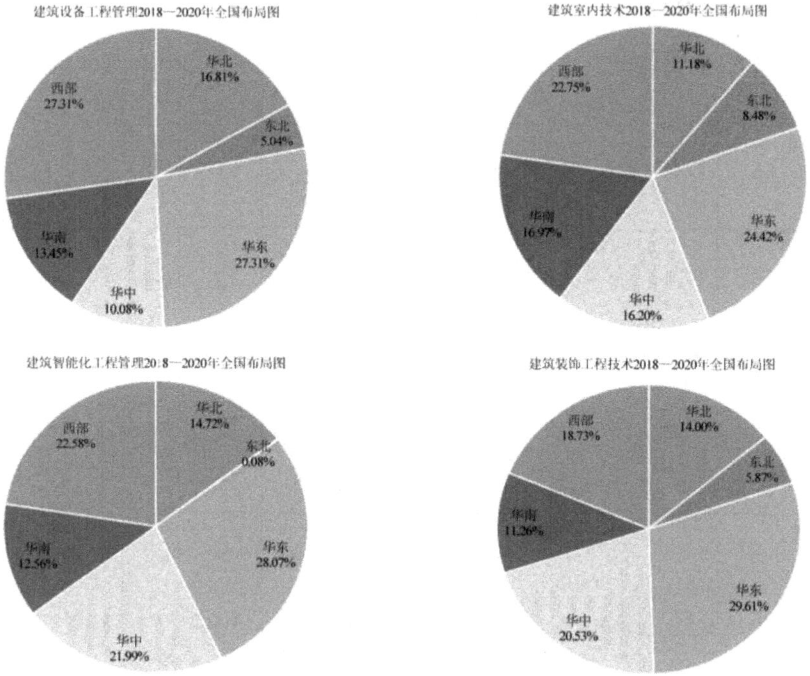

图 3-9　十个专业在六大区的布局情况

表 3-14　2018—2020 年 3 年建筑类重点专业布局和专业点数

专业名称	华北（个）	占比（%）	东北（个）	占比（%）	华东（个）	占比（%）	华中（个）	占比（%）	华南（个）	占比（%）	西部（个）	占比（%）	合计（个）
建筑装饰工程技术	148	14.0	62	5.9	313	29.6	217	20.5	119	11.3	198	18.7	1057
建筑工程技术	264	12.1	160	7.3	521	23.9	493	22.6	250	11.5	493	22.6	2181
建筑智能化工程技术	75	14.2	20	0.1	143	27.0	112	21.2	64	12.1	115	21.7	529
建筑工程管理	122	12.6	57	5.9	307	31.8	151	15.6	144	14.9	185	19.2	966
工程造价	290	13.1	158	7.1	566	25.5	459	20.7	301	13.5	449	20.2	2223

（续表）

专业名称	华北（个）	占比（%）	东北（个）	占比（%）	华东（个）	占比（%）	华中（个）	占比（%）	华南（个）	占比（%）	西部（个）	占比（%）	合计（个）
供热通风与空调工程技术	25	15.4	19	11.7	34	21.0	34	21.0	24	14.8	26	16.1	162
建筑电气工程技术	31	13.0	20	8.4	39	16.4	31	13.0	38	16.0	79	33.2	238
建筑钢结构工程技术	13	14.6	11	12.4	27	30.3	21	23.6	0	0	17	19.1	89
建筑设备工程技术	40	16.8	12	5.0	65	27.3	24	10.1	32	13.5	65	27.3	238
建筑室内设计	87	11.2	66	8.5	190	24.4	126	16.2	132	17.0	177	22.8	778
区域合计	1095		585		2205		1668		1104		1804		8461

调查的10个专业中，工程造价在六大区域中布点最多，达到2223个布点，占总专业布点的26. 27%；建筑钢结构工程技术专业布点最少，占专业布点的1.05%。如表3-14所示。

河北、山西、辽宁、黑龙江、广东、广西、四川、重庆、甘肃、湖北、河南、江西、福建、安徽、浙江等15个省（市、区）专业布局均衡合理，每个专业都有布点。

北京、天津、内蒙古、上海、山东、吉林、湖南、广东、广西、海南、贵州、西藏、陕西、青海、宁夏、新疆等16个省（市、区）都没有建筑钢结构工程技术专业布点，海南还没有建筑智能化工程技术、供热通风与空调工程技术、建筑设备工程技术专业布点，云南、西藏、青海、山东没有供热通风与空调工程技术专业布点，西藏、青海、上海没有建筑电气工程技术专业布点。吉林的建筑智能化工程技术、建筑设备工程技术、供热通风与空调工程技术专业布点都只有1个。如表3-15所示。

表 3-15　2018—2020 年各省高职绿建相关建筑类专业布局与专业点数

单位：个

地区	建筑装饰工程技术	建筑工程技术	建筑智能化工程技术	建筑工程管理	工程造价	供热通风与空调工程技术	建筑电气工程技术	建筑钢结构工程技术	建筑设备工程技术	建筑室内设计
华北	**148**	**264**	**75**	**122**	**290**	**25**	**31**	**13**	**40**	**87**
北京	10	21	8	6	27	4	2	0	2	10
天津	9	21	21	12	25	3	8	0	9	3
河北	55	125	15	61	152	10	10	7	14	37
山西	40	15	31	36	3	4	6	10	19	35
内蒙古	39	57	16	12	50	5	7	0	5	18
东北	**62**	**160**	**20**	**57**	**158**	**19**	**20**	**11**	**12**	**66**
辽宁	23	42	10	22	45	6	8	6	3	21
吉林	9	51	1	12	43	1	2	0	1	7
黑龙江	30	67	9	23	70	12	10	5	8	38
华东	**313**	**521**	**143**	**307**	**566**	**34**	**39**	**27**	**65**	**190**
上海	7	15	8	9	14	4	0	0	3	3
江苏	96	125	46	68	141	15	14	10	21	84
浙江	43	57	25	29	57	3	4	5	6	10
安徽	66	98	21	58	118	3	8	9	8	21
山东	74	163	15	83	154	0	3	0	17	61
华中	**217**	**493**	**112**	**151**	**459**	**34**	**31**	**21**	**24**	**126**
江西	41	124	28	34	123	8	6	3	6	40
河南	113	205	46	77	188	15	21	3	11	51
湖北	63	164	38	40	148	11	4	15	7	35
湖南	30	72	15	32	67	8	6	0	3	33
华南	**119**	**250**	**64**	**144**	**301**	**24**	**38**	**0**	**32**	**132**
广东	27	88	28	62	113	9	15	0	17	51
广西	53	75	21	49	102	7	16	0	12	45
海南	9	15	0	1	19	0	1	0	0	3
西部	**198**	**493**	**115**	**285**	**449**	**26**	**79**	**17**	**65**	**177**
四川	70	134	40	69	144	6	13	3	15	32
贵州	25	76	5	29	65	1	9	0	10	34

（续表）

地区	建筑装饰工程技术	建筑工程技术	建筑智能化工程技术	建筑工程管理	工程造价	供热通风与空调工程技术	建筑电气工程技术	建筑钢结构工程技术	建筑设备工程技术	建筑室内设计
云南	22	48	9	45	78	0	11	3	3	27
西藏	3	5	0	3	0	0	0	0	0	0
重庆	32	57	25	36	41	2	21	5	6	43
陕西	25	92	12	59	64	7	14	0	14	15
甘肃	9	39	6	18	26	3	3	6	4	11
青海	3	3	4	3	4	0	0	0	4	3
宁夏	3	9	5	3	7	3	3	0	3	6
新疆	6	30	9	20	20	4	5	0	6	6

对高职院校绿色建筑相关专业进行调查，结果显示，2018年专业点总数为2692个，2019年专业点总数为2685个，2020年专业点总数为2677个，见表3-16。专业点前10名的省（市、区）为河南、江苏、河北、四川、山东、广东、江西、安徽、广西和福建，如图3-10所示。

总体来说专业点数稳定、变化不大。工程造价、建筑施工技术、建筑装修工程技术和建筑工程管理专业布点最多，如图3-11所示。相对中职专业点数的前3名建筑工程施工、建筑装修和工程造价来说，中高职专业点数是相匹配的。

2018—2019年，各高职院校绿色建筑相关专业点数变化相对稳定，但专业点总数变化趋势是减少的，其中，建筑智能化工程技术专业布点数到2020年减少17个，这与建筑产业智能升级发展趋势是负项关的。

表 3-16　绿色建筑相关的 10 个专业布点数统计表

单位：个

序号	专业名	2018 年	2019 年	2020 年
1	建筑钢结构工程技术	31	29	29
2	供热通风与空调工程技术	62	49	51
3	建筑电气工程技术	87	76	75
4	建筑设备工程技术	82	72	84
5	建筑装饰工程技术	157	157	154
6	建筑智能化工程技术	188	179	162

（续表）

序号	专业名	2018 年	2019 年	2020 年
7	建筑室内设计	237	259	282
8	建筑工程管理	360	357	349
9	建筑工程技术	729	730	722
10	工程造价	759	777	769
合计		2692	2685	2677

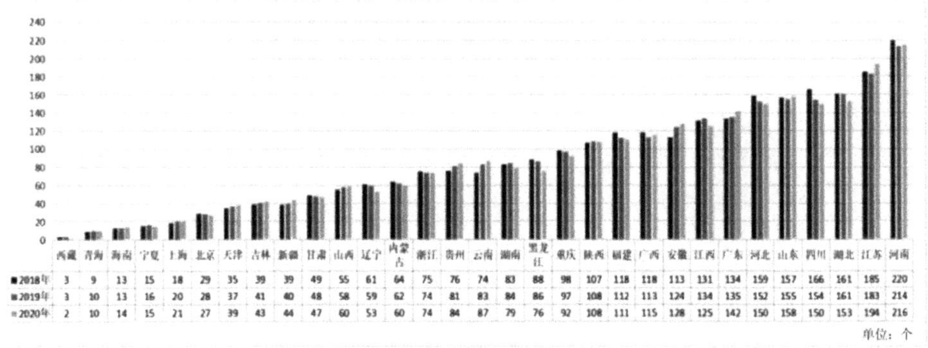

图 3-10　2018—2019 年各省绿色建筑相关专业点数

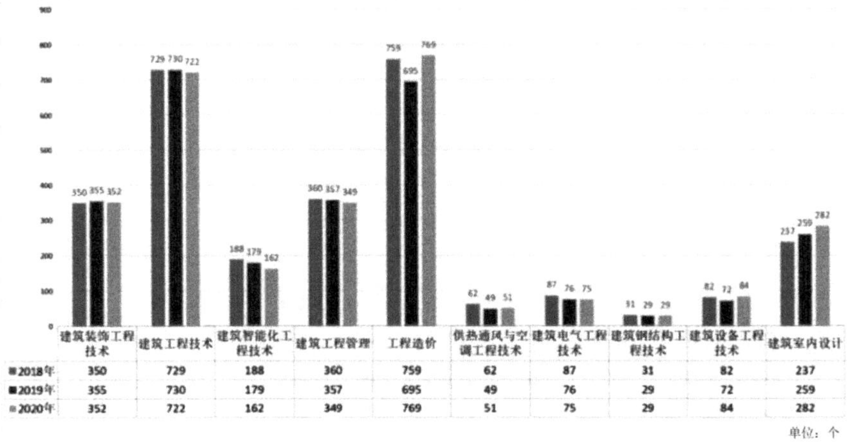

图 3-11　2018—2020 年绿色建筑相关专业点数

③高职本科专业布局与专业点数

2019年高职本科开始招生，共有5个专业，分别是建筑设计、风景园林、土木工程、工程造价和工程管理。2020年，全国高职本科中有建筑类专业的学校为11所，共开设5个专业，如表3-17所示。全国有福建、江西、山东、河南、广东、广西、海南、四川、浙江等9个省（区）设置了绿色建筑相关专业，其他各省（市、区）没有高职本科的绿色建筑相关专业。高职本科绿色建筑相关专业布局和专业点数如表3-18 、图3-12、图3-13所示（数量来源：网络调研）。

表 3-17 2020 年开设建筑类专业的高职本科学校

序号	学校名称	工程造价	工程管理	建筑设计	土木工程	风景园林
1	泉州职业技术大学	√			√	
2	南昌职业大学	√	√			
3	山东外国语职业技术大学	√		√		
4	山东工程职业技术大学	√	√		√	
5	河南科技职业大学	√			√	
6	广东工商职业技术大学	√				
7	广州科技职业技术大学	√		√	√	
8	广西城市职业大学	√	√			
9	海南科技职业大学	√		√		√
10	成都艺术职业大学	√		√		
11	浙江广厦建设职业技术大学	√	√	√	√	√

表 3-18 2020 年高职本科专业布局和点数

单位：个

序号	省份	工程造价	工程管理	建筑设计	土木工程	风景园林	专业点数
1	福建	1			1		2
2	江西	1	1				2
3	山东	2	1	1	1		5
4	河南	1			1		2
5	广东	2		2	2		4
6	广西	1	1				2
7	海南	1		1		1	3
8	四川	1		1			2
9	浙江	2	2	1	1	1	7
合计		13	5	6	6	2	29

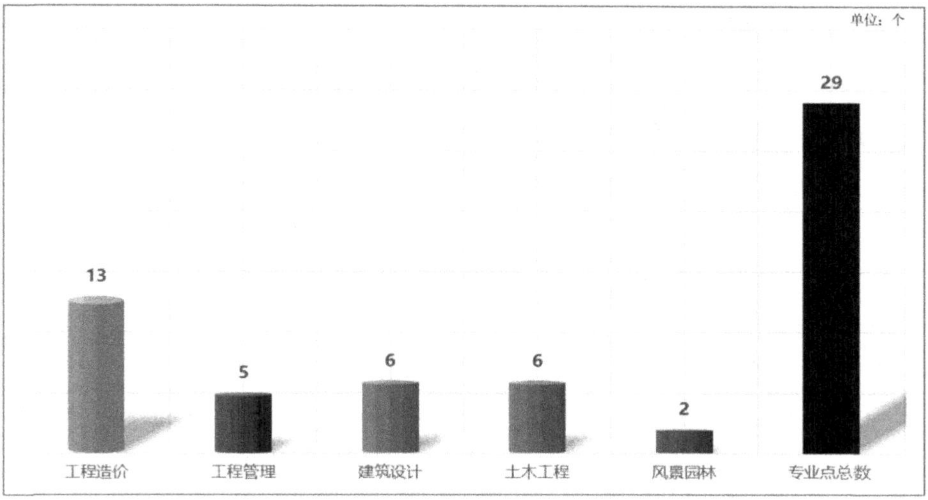

图 3-12　2020 年高职本科绿建相关专业点数示意图

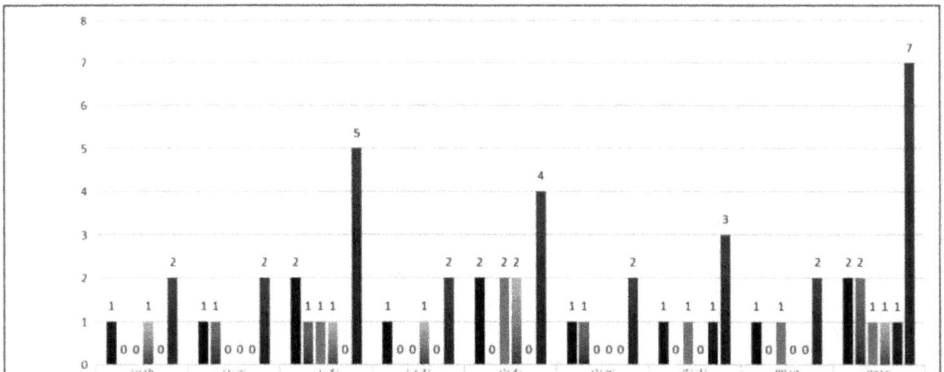

	福建	江西	山东	河南	广东	广西	海南	四川	浙江
工程造价	1	1	2	1	2	1	1	1	2
工程管理	0	1	1	0	0	1	0	0	2
建筑设计	0	0	1	0	2	0	1	1	1
土木工程	1	0	1	1	2	0	0	0	1
风景园林	0	0	0	0	0	0	1	0	1
专业点数	2	2	5	2	4	2	3	2	7

单位：个

图 3-13　2020 年高职本科绿色建筑相关专业布局

3.2.2 招生及在校生情况调查

（1）招生及在校生总体情况

2018—2020年，高职本科、高职专科和中职共招生109. 0976万人，其中，高职招生人数最多，共68.4108万人；中职为40.0869万人；高职本科最少，为5999人。高职本科于2019年刚开始招生，因此招生数很少，2019年和2020年招生数分别是高职招生数的1.15%、1.16%。如表3-19、图3-14所示。

表 3-19 2018—2020 年职业院校建筑类专业招生人数统计表

单位：人

高职本科			高职高专			中职		
2018 年	2019 年	2020 年	2018 年	2019 年	2020 年	2018 年	2019 年	2020 年
0	2879	3120	166260	249274	268574	123735	134913	142221

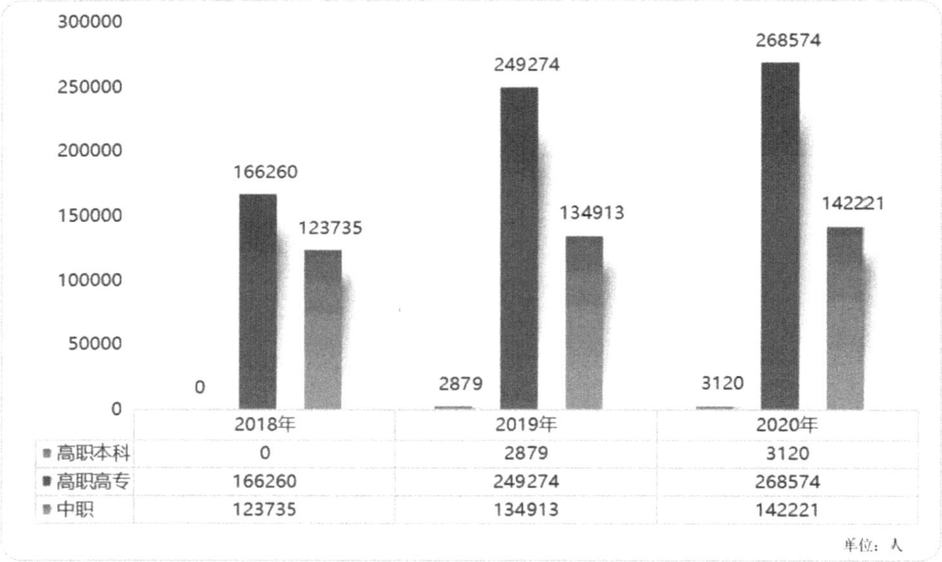

图 3-14 2018—2020 年职业院校招生数统计

（2）高职院校招生和在校生调查情况

2018—2020年高职院校绿色建筑相关的10个建筑类专业的招生数及在校生数如表3-20、图3-15所示。本部分数据来源于教育部高等职业院校人才培养工作状态数据采集与管理平台。

表 3-20　2018—2020 年高职院校绿建相关建筑类专业招生及在校生情况

单位：人

专业名称	2018 年招生人数	2019 年招生人数	2020 年招生人数	2020 年在校生人数
工程造价	64590	84093	93514	242197
供热通风与空调工程技术	1431	1680	1909	5020
建设工程管理	12265	22269	27634	62168
建筑电气工程技术	2396	2151	1802	6349
建筑钢结构工程技术	813	841	977	2631
建筑工程技术	41031	73787	78106	192924
建筑设备工程技术	1569	2066	2277	5912
建筑室内设计	22207	31203	34190	87600
建筑智能化工程技术	4512	12383	7850	24745
建筑装饰工程技术	15446	18801	20315	54562
合计	166260	249274	268574	684108

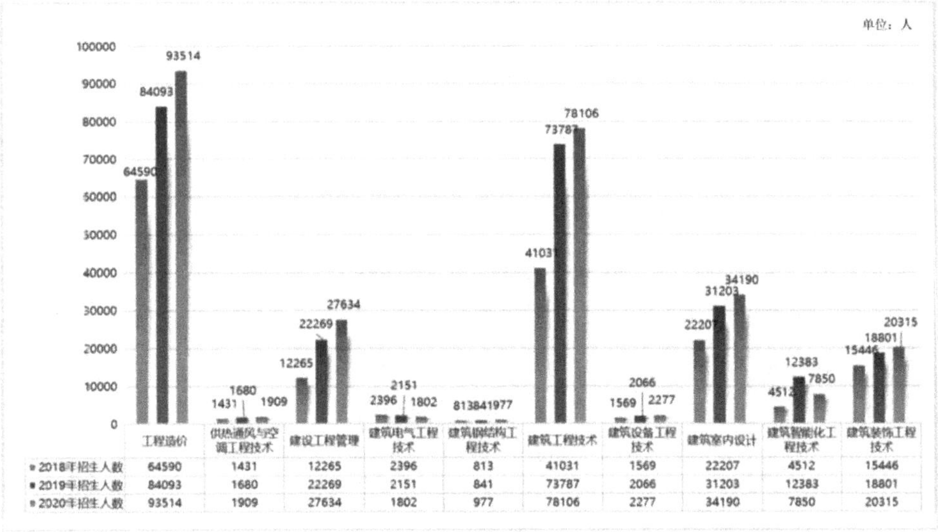

图 3-15　2018—2019 年建筑类重点专业招生人数

调查数据显示，2020年10个建筑类专业在校生人数为68.4108万人。其中，工程造价专业在校生人数最多，达到24.2197万人；其次是建筑工程技术专业，在校生为19.2924万人；排第三名的是建筑室内设计专业，在校生为8.76万人。

建筑工程技术和工程造价专业的招生人数递增较快，其中，建筑工程技术专业2020年比2018年招生人数增加37075人，工程造价专业2020年比2018年招生人数增加28924人。但是，建筑电气工程技术专业的招生人数是逐年递减的，建筑智能化工程技术专业2020年招生人数较2019年递减4533人，这与建筑行业绿色智能发展业态不相适应。

2018—2020年各大区建筑类专业招生人数如表3-21所示。调查数据显示，华南地区建筑工程技术专业招生数最多，华中、华东、西部地区工程造价专业招生数比较多，供热通风与空调工程技术专业在东北、华北、华中和华东地区招生数量较为均衡，建筑工程管理专业在华中、华东和西部地区招生数较多，建筑钢结构工程技术专业在华东和西部招生数比较多，建筑工程技术专业在华东和西部地区招生人数比较多，建筑设备工程技术专业在华南地区招生最多，建筑室内设计专业和建筑智能化工程技术专业在华中、华东、华南和西部地区招生人数较多，建筑装饰工程技术在华东地区招生人数较多。六大区各专业招生数情况如图3-16至图3-25所示。

表 3-21　六大区各专业招生人数统计

单位：人

区域	年份	工程造价	供热通风与空调工程技术	建设工程管理	建筑电气工程技术	建筑钢结构工程技术	建筑工程技术	建筑设备工程技术	建筑室内设计	建筑智能化工程技术	建筑装饰工程技术
东北	2018	2361	271	464	340	80	2148	57	1555	79	712
	2019	3666	289	1333	298	110	5023	57	2215	233	1168
	2020	4017	300	818	237	145	4866	42	2232	183	991
华北	2018	5468	164	917	383	127	2087	239	2352	548	1362
	2019	7391	306	1322	252	139	3025	251	3061	988	1784
	2020	7643	398	1571	160	148	3771	360	3132	818	2116
华中	2018	14734	354	2514	307	180	8260	297	5983	1159	3625
	2019	17598	445	3885	375	95	12468	291	8002	3194	4010
	2020	20405	404	4338	321	162	12163	406	8141	2271	4534

（续表）

区域	年份	工程造价	供热通风与空调工程技术	建设工程管理	建筑电气工程技术	建筑钢结构工程技术	建筑工程技术	建筑设备工程技术	建筑室内设计	建筑智能化工程技术	建筑装饰工程技术
华东	2018	15076	294	2977	256	186	11997	332	3877	1022	5412
	2019	19731	376	5845	175	158	23121	466	5349	3580	6407
	2020	22271	408	6818	200	177	20678	343	6928	1993	6834
华南	2018	8843	168	1912	570	0	5528	445	3989	855	1451
	2019	13587	135	4194	516	0	8790	695	5793	2392	1834
	2020	13910	230	4041	497	0	10965	722	5399	1104	1952
西部	2018	18108	180	3481	432	240	11011	199	4451	849	2884
	2019	22120	129	5690	420	239	21360	306	6783	1996	3598
	2020	25268	169	10048	342	345	25663	404	8358	1481	3888

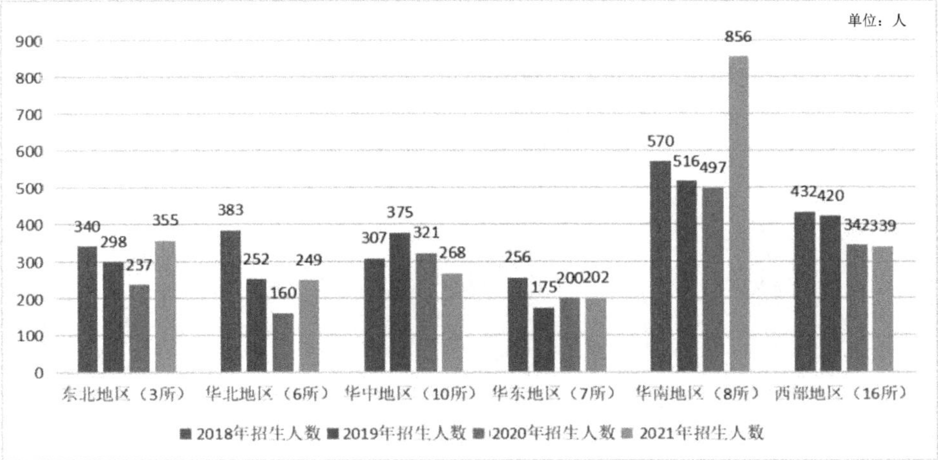

图 3-16　2018—2021 年建筑电气工程技术专业六大区域招生人数

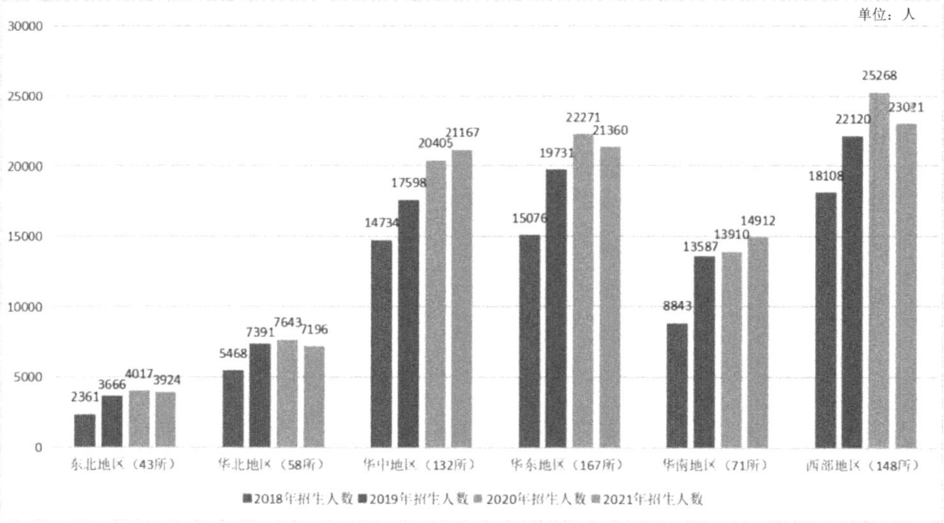

图 3-17　2018—2021 年工程造价专业六大区域招生人数

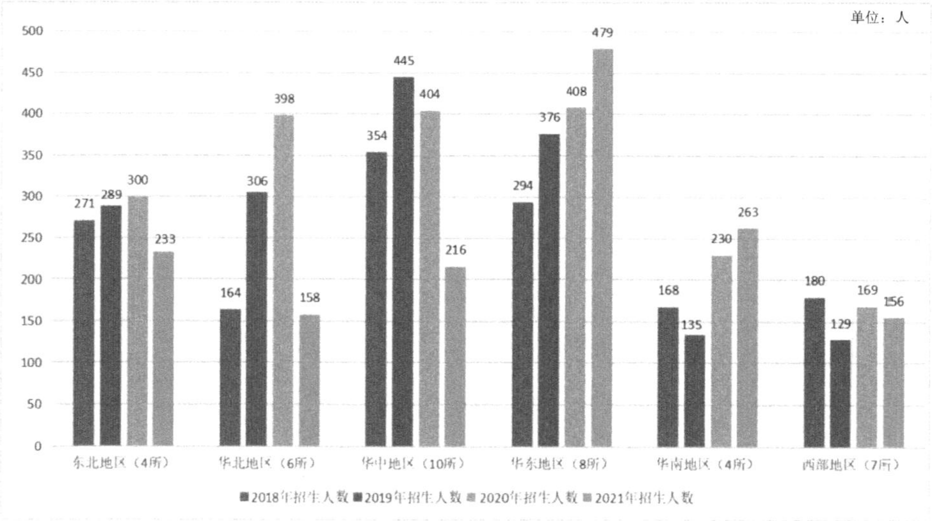

图 3-18　2018—2021 年供热通风与空调工程技术专业招生人数

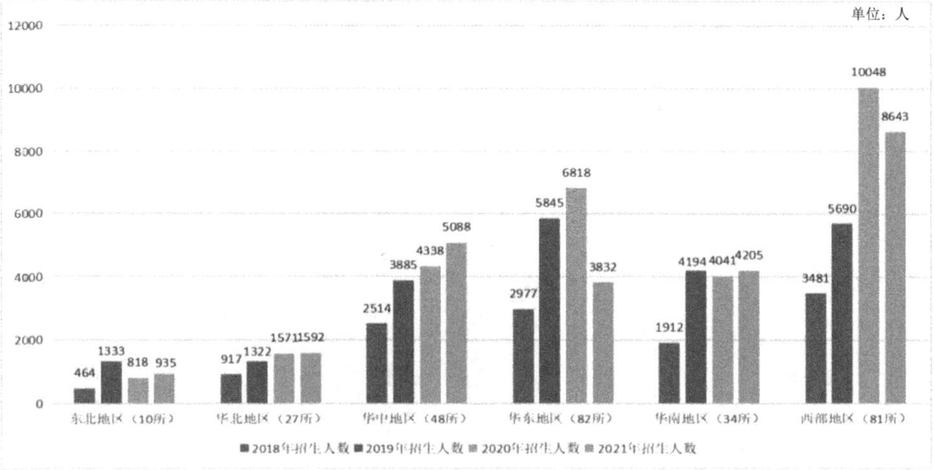

图 3-19　2018—2021 年建筑工程管理专业六大区域招生人数

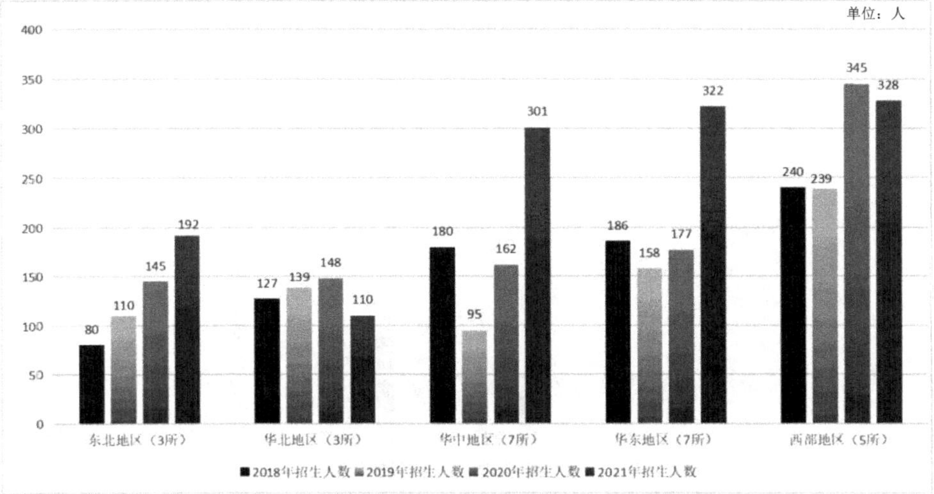

图 3-20　2018—2021 年建筑钢结构工程技术专业六大区域招生人数

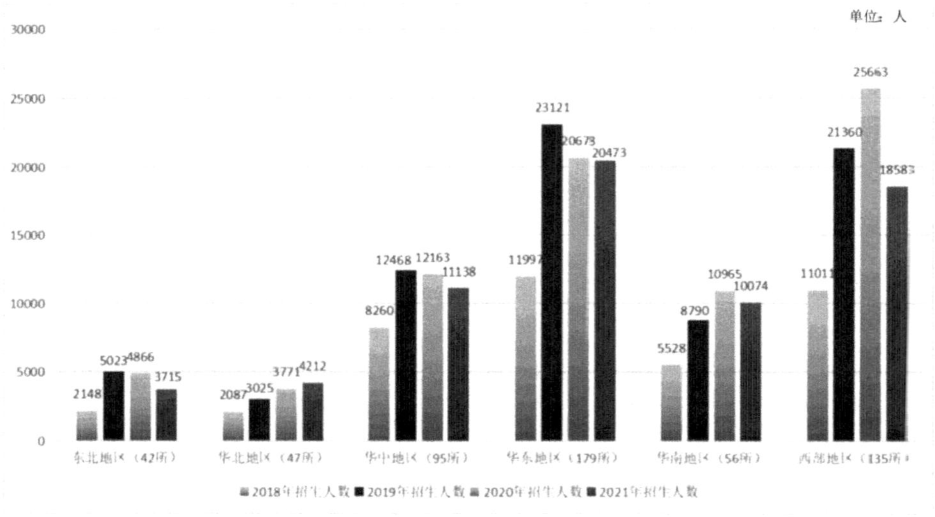

图 3-21　2018—2021 年建筑工程技术专业六大区域招生人数

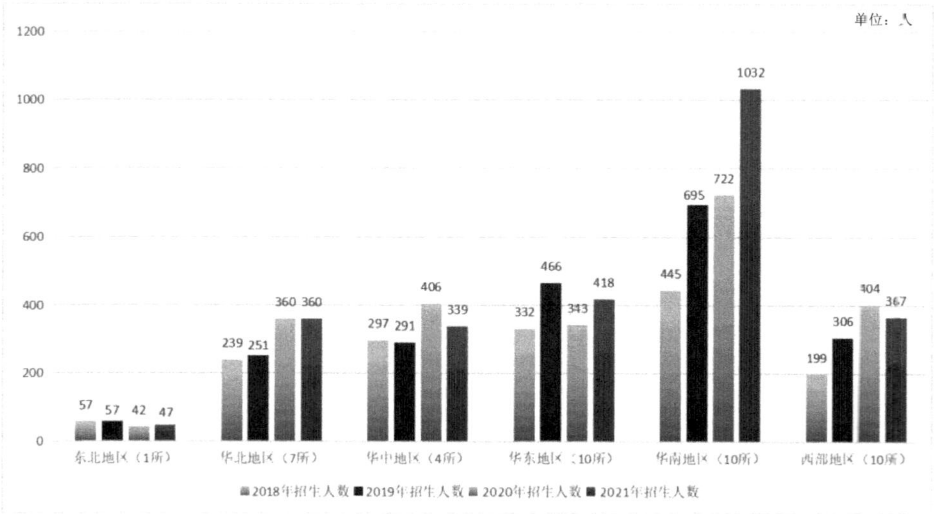

图 3-22　2018—2021 年建筑设备工程技术专业六大区域招生人数

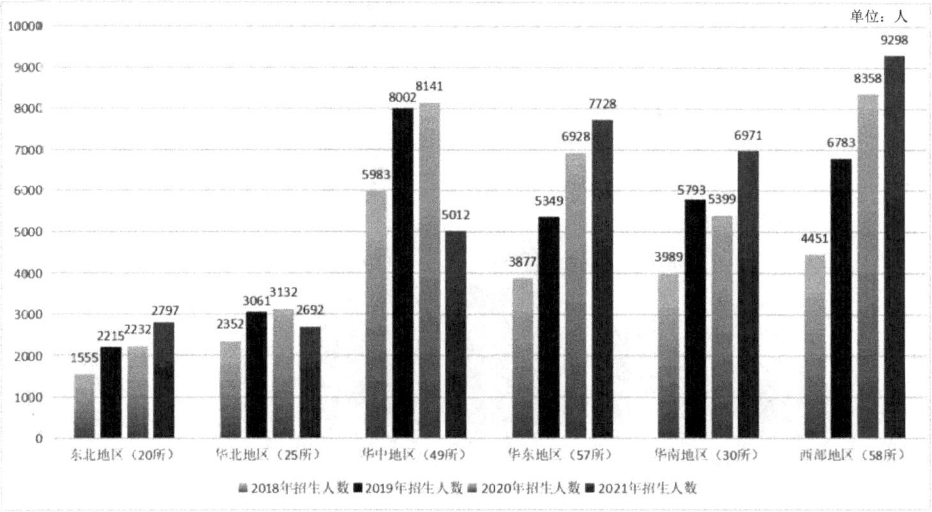

图 3-23　2018—2021 年建筑室内设计专业六大区域招生人数

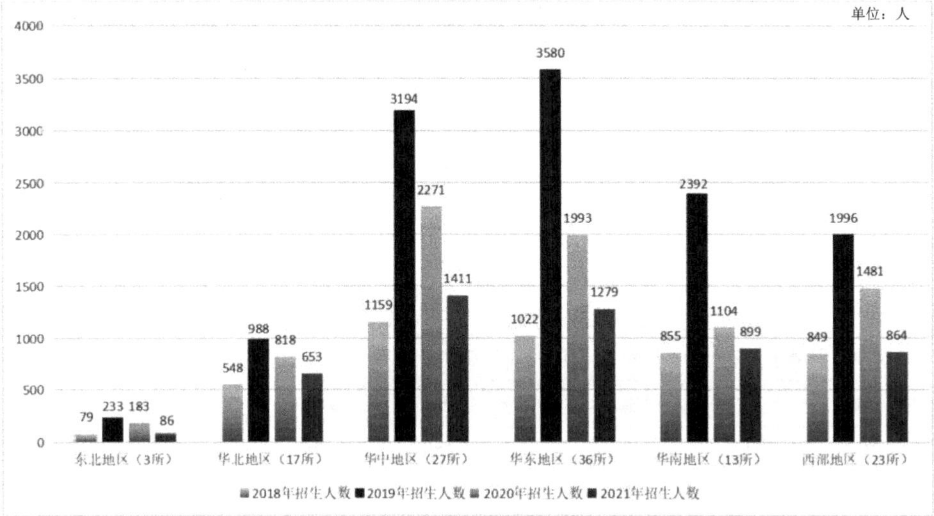

图 3-24　2018—2021 年建筑智能化工程技术专业六大区域招生人数

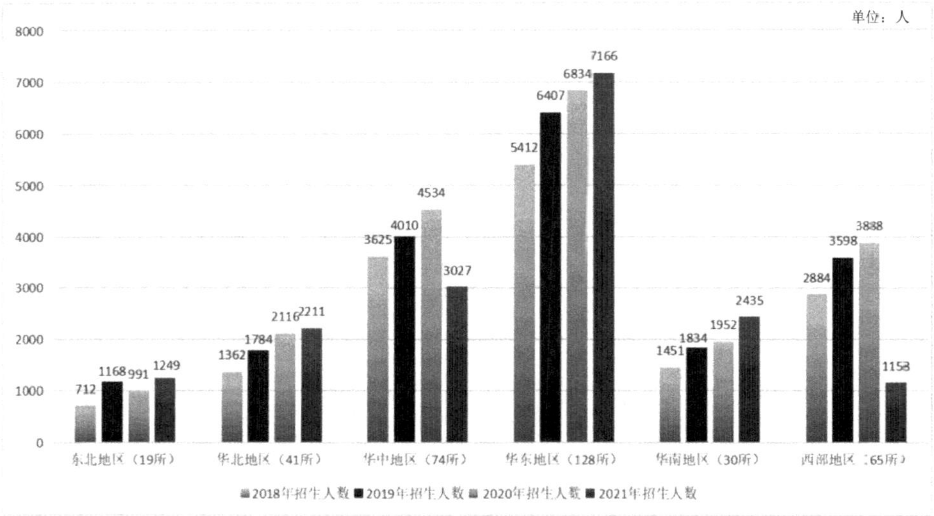

图 3-25　2018—2021 年建筑装饰工程技术专业六大区域招生人数

（3）中职院校招生和在校生调查情况

2018—2020年中职院校绿色建筑相关专业在校生情况如表3-22所示。

表 3-22　2018—2021 年中职院校绿色建筑相关专业设置及在校生情况

单位：人

专业代码	专业名称	2018 年	2019 年	2020 年	2021 年
		在校生	在校生	在校生	在校生
040200	建筑装饰	63287	64156	68184	72587
040500	工程造价	50366	50704	55169	57939
040600	建筑设备安装	3165	3653	3671	4094
040700	楼宇智能化设备安装与运行	7835	7687	7770	8262
041200	市政工程施工	4618	3945	4168	4775
041300	道路与桥梁工程施工	13459	12335	12111	13003
050300	工程材料检测技术	10	20	139	72
050800	建筑与工程材料	2123	2465	2391	2622
050900	硅酸盐工艺及工业控制	3457	2618	1660	2543

3.2.3 毕业就业情况调查

本部分数据来源于教育部高等职业院校人才培养工作状态数据采集与管理平台和腾讯问卷网络调查问卷调查。

调查数据显示，建筑类专业平均就业率比较高，尤其是建筑装饰材料技术专业，达到98. 91%；平均就业率达到90%以上的专业占调研专业的78. 57%。本区域平均就业率＞省市平均就业率＞本地市平均就业率，本区域平均就业率在60%以上的专业占调研专业的64. 3%。在就业地域选择方面，高职院校学生更倾向于省域就业。基本满足服务区域经济的高职专业定位。专业对口就业率一般，最高的是建筑材料检测技术专业（73. 58%），对口就业最低的是建设设备工程技术专业（31. 73%），对口就业率最高与最低相差了41. 85%。建筑类专业的就业率情况如图3-26、图3-27所示。

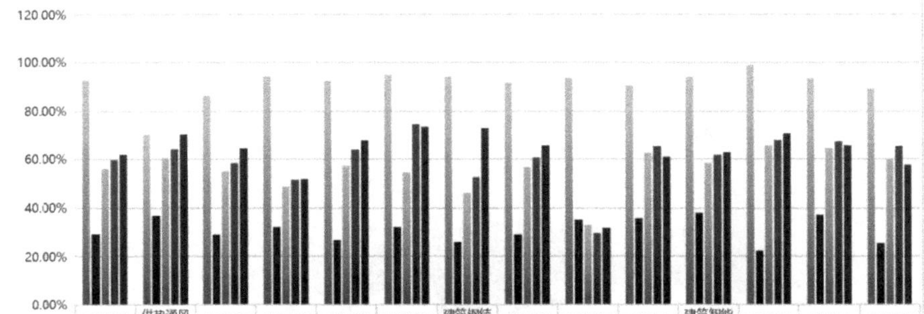

	工程造价专业	供热通风与空调工程技术	建设工程管理	建设工程监理	建筑材料工程技术	建筑材料检测技术	建筑钢结构工程技术	建筑工程技术	建筑设备工程技术	建筑室内设计	建筑智能化工程技术	建筑装饰材料技术	建筑装饰工程技术	新型建筑材料技术
平均就业率	92.72%	70.36%	86.27%	94.18%	92.42%	95.08%	94.21%	91.70%	93.56%	90.58%	94.10%	98.91%	93.50%	88.98%
本地市平均就业率	29.44%	36.80%	29.11%	32.05%	26.81%	32.12%	26.00%	29.06%	35.35%	35.65%	37.97%	22.28%	37.21%	25.42%
本省市平均就业率	56.25%	60.64%	55.11%	48.60%	57.14%	54.40%	45.98%	56.80%	32.91%	62.51%	58.53%	65.76%	64.44%	60.17%
本区域平均就业率	59.87%	64.30%	58.27%	51.51%	64.11%	74.61%	52.48%	60.74%	29.67%	65.45%	61.77%	67.93%	67.25%	65.25%
对口平均就业率	61.92%	70.30%	64.55%	51.79%	67.81%	73.58%	72.81%	65.73%	31.73%	60.97%	62.79%	70.65%	65.66%	57.63%

图 3-26　建筑类专业的就业率柱形图

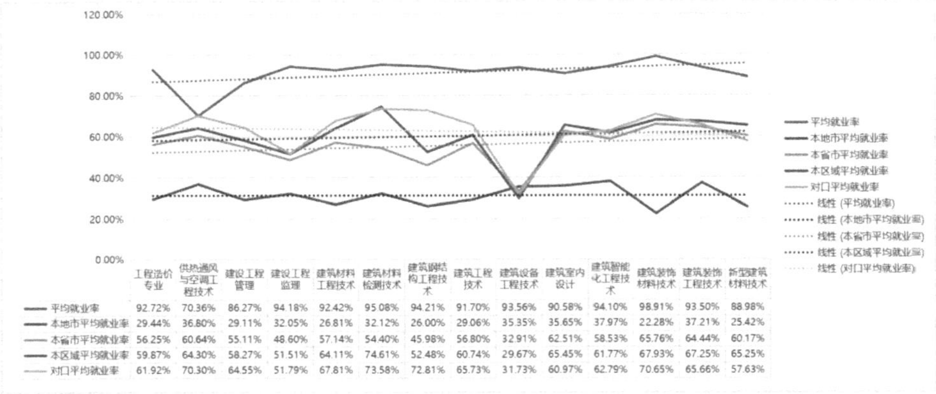

	工程造价专业	供热通风与空调工程技术	建设工程管理	建设工程监理	建筑材料工程技术	建筑材料检测技术	建筑钢结构工程技术	建筑工程技术	建筑设备工程技术	建筑室内设计	建筑智能化工程技术	建筑装饰材料技术	建筑装饰工程技术	新型建筑材料技术
平均就业率	92.72%	70.36%	86.27%	94.18%	92.42%	95.08%	94.21%	91.70%	93.56%	90.58%	94.10%	98.91%	93.50%	88.98%
本地市平均就业率	29.44%	36.80%	29.11%	32.05%	26.81%	32.12%	26.00%	29.06%	35.35%	35.65%	37.97%	22.28%	37.21%	25.42%
本省市平均就业率	56.25%	60.64%	55.11%	48.60%	57.14%	54.40%	45.98%	56.80%	32.91%	62.51%	58.53%	65.76%	64.44%	60.17%
本区域平均就业率	59.87%	64.30%	58.27%	51.51%	64.11%	74.61%	52.48%	60.74%	29.67%	65.45%	61.77%	67.93%	67.25%	65.25%
对口平均就业率	61.92%	70.30%	64.55%	51.79%	67.81%	73.58%	72.81%	65.73%	31.73%	60.97%	62.79%	70.65%	65.66%	57.63%

图 3-27　建筑类专业的就业率折线图

为了解2020届建筑类毕业生就业情况，对362所院校的建筑类专业对就业类型和就业性质进行了调查。

关于“就业类型”，从待就业、协议就业、劳动合同就业、自主创业四个方面进行调查，结果显示，协议就业的比例为70%～75%；劳动合同就业的比例为5%～8%，待就业的比例为2%～4%，自主创业的比例在1%以下，应征入伍、升学等其他就业类型占13%～15%，2020年绿色建筑相关专业毕业生就业类型比例如图3-28所示。

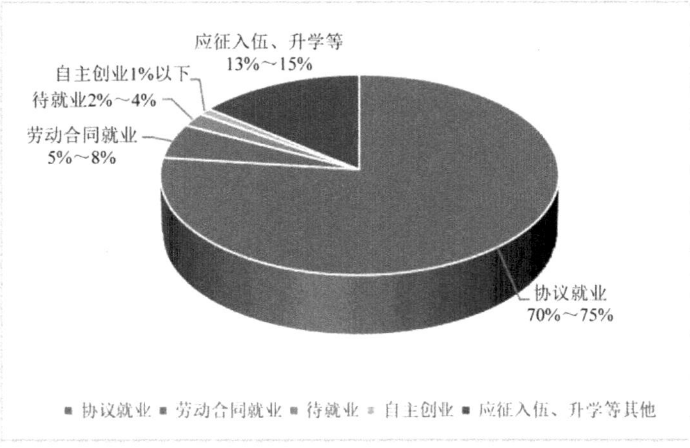

图 3-28　2020 年绿色建筑相关专业毕业生就业类型

关于“就业性质”，从民企、三资企业、国企、事业机关单位四个方面进行调查，调查结果显示：85%～90%的毕业生在民企就业，3%～5%的毕业生在三资企业就业，2%～4%的毕业生在国企就业，在事业机关单位就业的毕业生为1%以下。调查结果反映高职院校毕业生大部分在民企就业，进入国企和机关事业单位的比例较低，调查如图3-29所示。

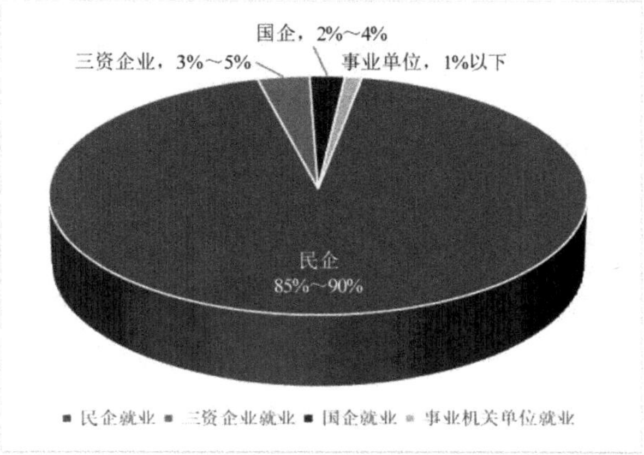

图 3-29　2020 年绿色建筑相关专业毕业生就业性质

3.3 绿色建筑相关专业人才培养情况

3.3.1 人才培养目标调查情况

通过腾讯问卷网络调查问卷和文献调研对143所职业院校进行调查，结果显示，培养目标有绿色发展理念等相关内容的院校占91. 61%，没有相关描述的院校占8. 39%，如图3-30所示。

图 3-30　对培养目标是否有绿色发展相关理念的调查统计

例如山东工业职业技术学院建筑工程技术专业人才培养目标为：旨在培养思想政治坚定、德技并修、全面发展，适应建筑业专业发展转型升级、绿色生产、管理、服务第一线需要，具有良好职业道德、敬业精神、创新创业意识、绿色建筑意识，能够胜任建筑类工作岗位，具备根据企业需要在从业后可持续发展自身能力等素质，掌握建筑材料检测、建筑测量、建筑施工图识读等基础理论知识和专业知识，面向建筑设计、建筑施工和建筑监理等单位，从事设计、施工、检测、管理和监理领域的高素质技术技能人才。

根据调查反馈的信息发现，各院校人才培养目标定位明确，就业面向全面清晰，培养层次精准，明确德、智、体、美、劳等方面全面发展的目标要求。培养目标分为素质目标、能力目标和知识目标，其中能力目标包括职业基本能力、专业核心能力和其他（岗位适应）能力。在素质目标中100%的专业明确了对思政政治素养、专业素养和职业素养培养的目标要求，90%以上的专业明确了对健康的体魄、乐观向上的健全人格等身心素养的目标要求。

以某高职院校工程造价专业的人才培养目标描述为例，如表3-23所示。

表 3-23　人才培养目标

工程造价专业人才培养目标
培养拥护党的基本路线，适应建设单位、施工单位、工程造价咨询公司、招标代理机构、工程项目管理公司、工程监理公司等企业工程造价领域第一线需要的，德智体美劳等方面全面发展的，具有从事本职业领域实际工作的基本技能和初步能力，掌握本专业必备的基础理论知识和专门知识，具有良好的职业道德和敬业精神的，具备较强的“施工图识图、施工技术管理、工程计量计价、施工合同管理、工程费用审核”的职业能力和“正直、诚实、公正、公平、守信”的职业素养，适应造价员、施工员、招标员、资料员等职业岗位的高素质技术技能型专门人才

（续表）

素质目标	（1）思政政治素质。热爱祖国，拥护中国共产党的领导，拥护党的路线、方针和政策；拥护宪法，具有民主与法制观念和公民意识，遵纪守法；具有为人民服务、为国家富强和民族昌盛而艰苦奋斗的志向及责任感，有良好的社会公德和职业道德；树立科学的世界观和方法论，有正确的人生观和价值观
	（2）文化科技素质。具有宽泛的人文社会科学知识；具有良好的文化修养、审美情趣、社交能力和礼仪知识；具有严谨的科学精神，求真、务实、严谨、勤奋
	（3）专业素质。具有正直、诚实、公正、公平、守信的职业操守；具有良好的沟通及团队协作意识；具有职业道德、法制观念和敬业精神；具有一定的逻辑思维、分析判断能力和语言文字表达的工作技能
	（4）职业素质。具有诚实守信、热情诚恳、谦虚随和、理解宽容的道德素质；具有爱岗敬业、乐于助人、团队协作、积极进取、服务意识的职业素养；具有良好的人际沟通能力、岗位适应能力和良好的心理素质；具有创业精神和良好的职业道德
	（5）身心素质。具有健康的体魄、良好的社会适应能力；具有健全的人格、乐观向上的精神及良好的气质；具有坚强的意志，对失败和挫折有一定的承受能力
能力要求	（1）职业基本能力。具备制定造价员工作计划的能力；具备合理确定造价员工作方法的能力；具备设计方案和工程技术方案的比较选择能力；具备工程造价文件的审查与评价能力；具备造价员完成工作任务所需的信息搜集与获取能力；具备自我学习、创新和创业的能力
	（2）专业核心能力。能识图，具备熟练识读建筑、装饰及安装工程施工图识的能力；懂施工，具备运用建筑与装饰工程施工技术规程的能力；会算量，具备正确计算建筑、装饰及安装工程工程量的能力；能计价，具备合理确定建筑、装饰及安装工程费用的能力；知对错，具备正确分析建筑、装饰及安装工程费用组成的能力；能核对，具备审核工程费用合理性的能力；懂合同；具备进行建筑、装饰及安装工程施工合同管理及索赔的处理能力；能管理，具备承包及施工阶段工程造价管理的能力
	（3）其他（岗位适应）能力。能够熟练掌握多种表达技巧；能够针对不同的沟通对象使用不同的表达方法；能熟练运用专业所需计算机操作软件；具有创新意识，掌握创造活动的思维方法，具备一定的创新性思维和探索能力
知识要求	（1）工具性知识。计算机软硬件基本知识以及计算机应用知识、英语知识、汉语知识等
	（2）人文社会科学知识。如形势与政策知识、毛泽东思想、邓小平理论和“三个代表”重要思想基本理论知识、人文社科和艺术类知识等
	（3）专业知识。包括专业基础知识和技能基础知识以及能力拓展知识，掌握工程造价专业必需的数学、应用文写作、英语等文化基础知识；掌握建筑、装饰、管道安装、建筑电气工程的识图、制图及构造知识；熟悉建筑、装饰工程的施工技术知识；掌握建筑、装饰、管道安装、建筑电气工程的施工图预算、工程量清单、招标控制价、投标报价及工程结算的编制与审核方法等；能力拓展知识包括了解建筑、装饰、管道安装、建筑电气工程消耗量定额的编制方法，熟悉项目施工成本核算及成本分析报告的内容；熟悉建筑工程法律法规相关知识，掌握招投标及建设工程合同管理知识；熟悉工程造价管理方面的基础知识，掌握建设工程全过程造价管理的内容及方法；熟悉工程经济的相关知识，掌握建设项目财务分析和经济评价的方法

3.3.2 课程开设情况

根据教育部高等职业院校（高职）人才培养工作状态数据采集与管理平台的数据，笔者对绿色建筑相关专业的核心课程进行了统计分析，并通过腾讯问卷网络调查问卷对开设绿色建筑相关专业课程的情况和课程内容作了补充调研。

（1）绿建相关课程设置情况

调查数据显示，绿色建筑相关专业课程开出比例较低，开出比例最高的是“装配式建筑概论”课程，开出比例为10%；其次是“BIM技术应用”课程，开出比例为8%左右；其他绿建相关课程开出比例为2%～6%，如表3-24所示。

表 3-24 绿建相关课程设置情况

单位：%

序号	专业	绿建相关课程	开出率	合计
1	工程造价	装配式建筑概论	7	11
		BIM技术应用	4	
2	供热通风与空调工程技术	建筑节能	5	10
		建筑节能技术	5	
3	建筑工程管理	BIM技术应用	9	15
		装配式建筑概论	3	
		装配式建筑施工技术	3	
4	建筑电气共建技术	楼宇智能化技术	10	18
		BIM技术应用	3	
		装配式建筑概论	2	
		楼宇自动化	3	
5	建筑钢结构工程技术	BIM技术应用	8	19
		装配式建筑概论	11	
6	建筑工程技术	BIM技术应用	12	27
		装配式建筑概论	9	
		装配式建筑施工技术	6	
7	建筑设备工程技术	楼宇智能化技术	6	14
		装配式建筑概论	5	
		智能建造弱电工程	3	
8	建筑室内设计	BIM技术应用	2	2

（续表）

序号	专业	绿建相关课程	开出率	合计
9	建筑智能化工程技术	智能建筑概论	2	2
10	建筑装饰工程技术	BIM技术应用	5	6
		装配式建筑概论	1	

①工程造价专业课程设置情况

2020年，在全国1486所高职高专院校中，有769所院校开设了工程造价专业，不包括实习实训课程，专业课程开设最多还是传统的建筑施工技术和建筑工程计量与计价课程，均占开出课程的34%；安装工程计量与计价、工程招投标和建筑CAD课程分别占开出课程的28%、27%和24%；与绿建相关的课程BIM技术应用、装配式建筑概论课程分别占开出课程的7%和4%。如图3-31所示。

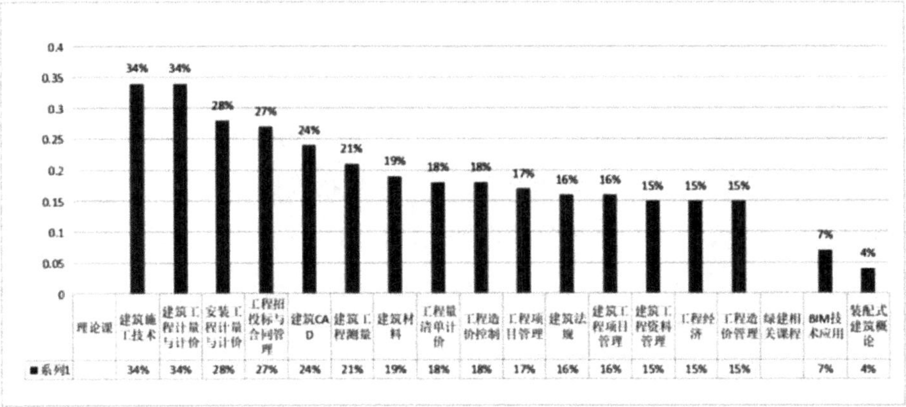

图 3-31　工程造价专业课程设置况

②供热通风与空调工程技术专业课程设置情况

2020 年，在全国 1486 所高职高专院校中，有 51 所院校开设了供热通风与空调工程技术专业，不包括实习实训课程，专业课程开设最多是传统的专业课程——供热工程，占开出课程的 37%；通风与空调工程课程占开出课程的 23%，建筑给排水、建筑电气工程、制冷技术课程所占比例分别为 14%、12%、12%。绿建课程有建筑节能和建筑节能技术，开出率都是 5%。如图 3-32 所示。

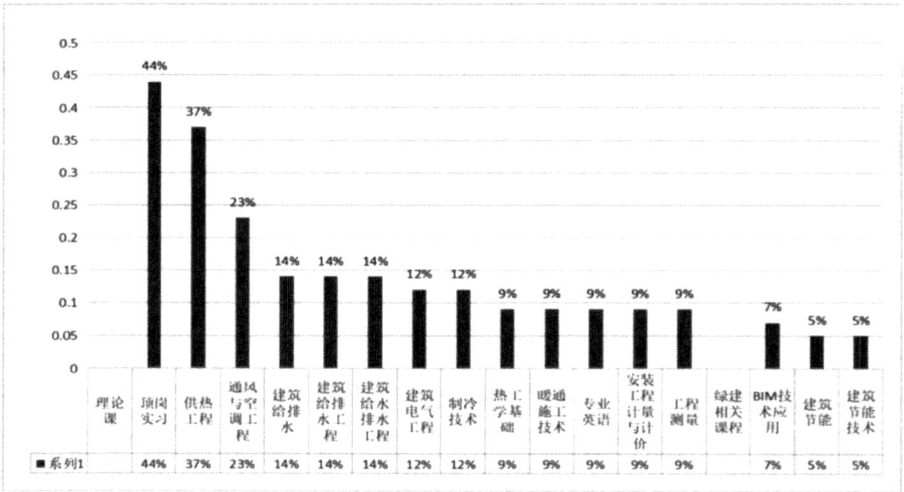

图 3-32　供热通风与空调工程技术专业课程设置情况

③建设工程管理专业课程设置情况

2020 年，在全国 1486 所高职高专院校中，有 349 所院校开设了建设工程管理专业，不包括实习实训课程，专业课程开设最多是传统的专业课程建筑施工技术占比为 41%，建筑工程计量与计价、工程招投标与合同管理、建筑工程材料管理和建筑工程项目管理分部占开出课程的 36%、25%、23%和 22%。绿建相关课程 BIM 技术应用、装配式建筑概论、装配式建筑施工技术分别占 9%、3%、3%。如图 3-33 所示。

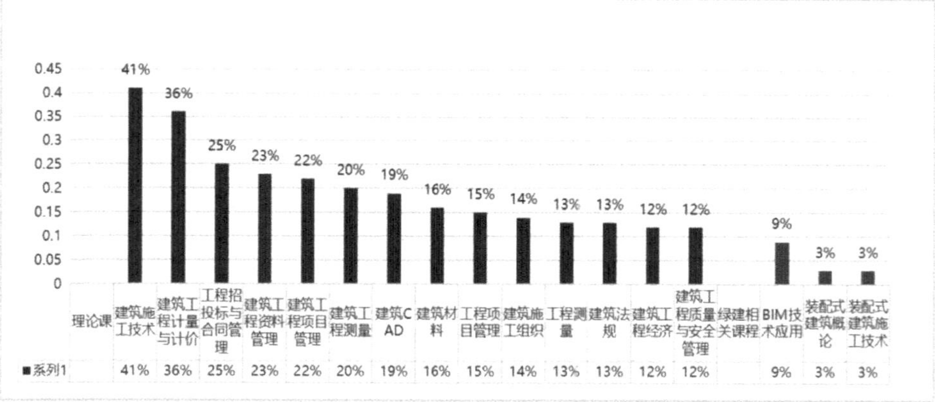

图 3-33　建设工程管理专业课程设置情况

④建筑电气工程技术专业课程设置情况

2020年，在全国1486所高职高专院校中，有75所院校开设了建筑电气工程技术专业，开课比例最高的课程为电工电气施工技术，占比43%，建筑电气工程预算、电气消防技术、建筑电气控制技术开课比例分别为22%、20%、18%。绿色建筑相关课程楼宇自动化技术、BIM技术应用、装配式建筑概论、楼宇自动化的开课比例分别为3%、3%、2%、3%。如图3-34所示。

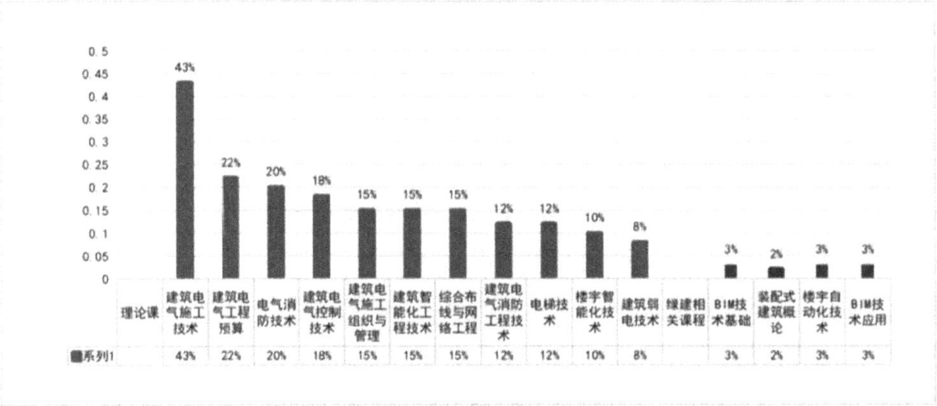

图 3-34　建筑电气工程技术专业课程设置情况

⑤建筑钢结构工程技术专业课程设置情况

2020年，在全国1486所高职高专院校中，有29所院校开设了建筑钢结构工程技术术专业，开课比例最高的课程为建筑施工技术，占比为22%，建筑工程资料管理、建筑结构、建筑工程测量、建筑CAD、建筑材料与检测的开课比例都为15%。绿色建筑相关课程BIM技术应用和装配式建筑概论的开课比例分别为8%和11%。如图3-35所示。

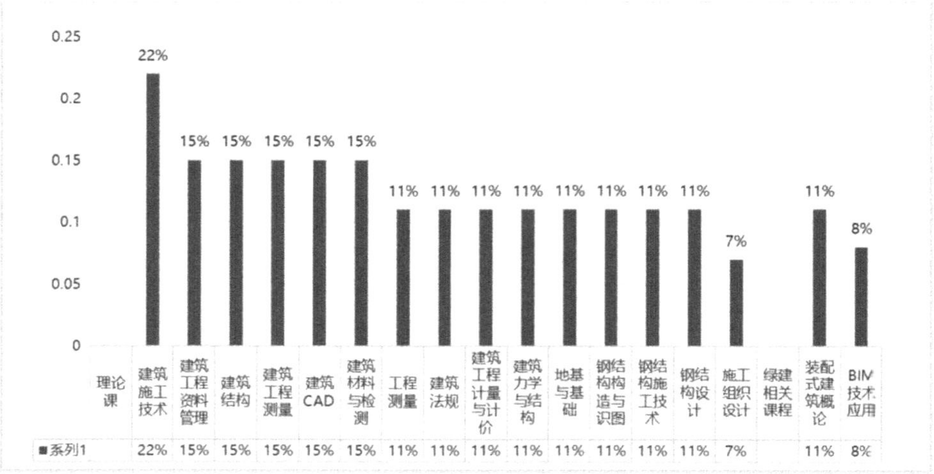

图 3-35　建筑钢结构工程技术专业课程设置情况

⑥建筑工程技术专业课程开设情况

2020年，全国1486所高职高专院校中，有722所院校开设了建筑工程技术专业，开课比例最高的课程为建筑工程计量与计价，开课比例为48%；建筑施工技术、建筑工程测量、建筑CAD开课比例分别为40%、32%、27%。绿建相关课程BIM技术应用、装配式建筑概论、装配式建筑施工技术的开课比例分别为12%、9%、6%。如图3-36所示。

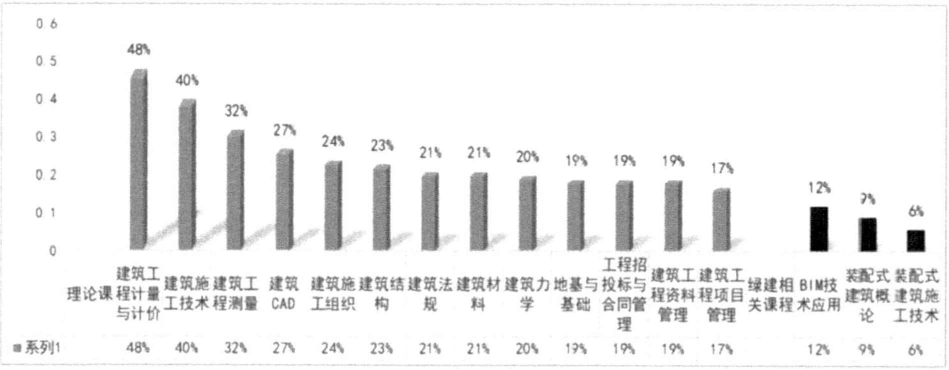

图 3-36　建筑工程技术专业课程设置情况

⑦建筑设备工程技术专业课程开设情况

2020年，全国1486所高职高专院校中，有84所院校开设了建筑设备工程技术专业，开课比例最高的课程为建筑给排水工程，开课比例为25%；供热工程开课比例为24%；安装工程计量与计价、建筑电气施工技术、通风与空调工程开课比例均为19%；绿建相关课程楼宇智能化技术、装配式建筑概论、智能建造弱电工程的开课比例分别为6%、5%、3%。如图3-37所示。

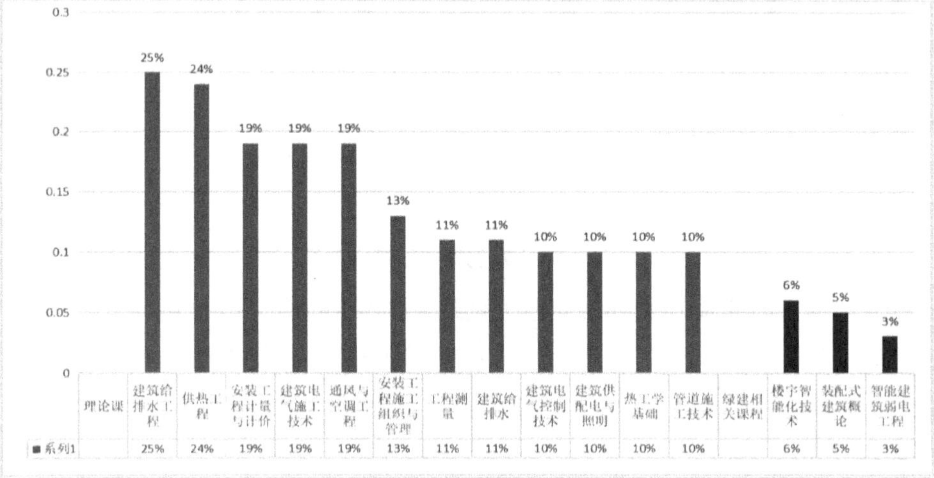

图 3-37　建筑设备工程技术专业课程设置情况

⑧建筑室内设计专业课程开设情况

2020年，全国1486所高职高专院校中，有282所院校开设了建筑室内设计专业，开课比例较高的课程为室内设计原理、人体工程学、公共空间设计，开课比例分别为16%、15%、15%，家具设计、商业空间设计、展示设计、居住空间设计的开课比例分别为14%、13%、13%、13%。绿色建筑相关课程BIM技术应用的开课比例为2%。如图3-38所示。

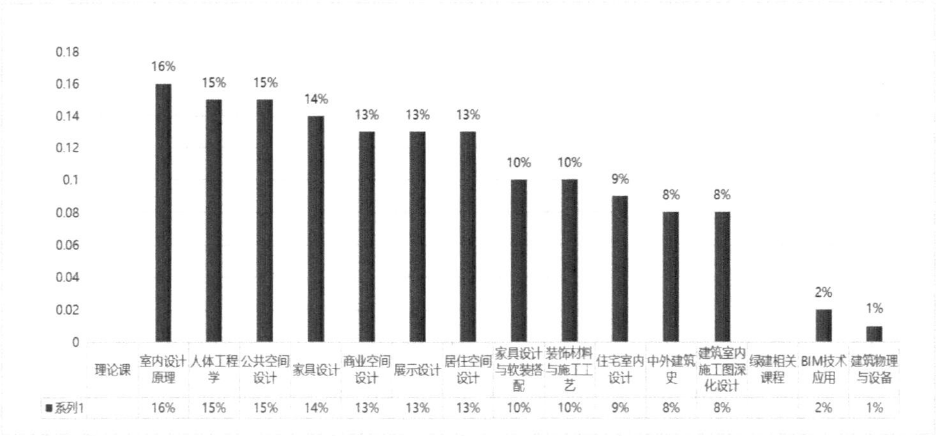

图 3-38　建筑室内设计专业课程设置情况

⑨建筑智能化工程技术专业课程开设情况

2020年，全国1486所高职高专院校中，有162所院校开设了建筑智能化工程技术专业，开课比例最高的课程为建筑供电与照明，开课比例为12%，综合布线、工程招投标与合同管理、建筑电气控制技术、建筑电气施工技术开课比例分别为9%、8%、7%、7%。绿建相关课程智能建筑概论的开课比例为2%。如图3-39所示。

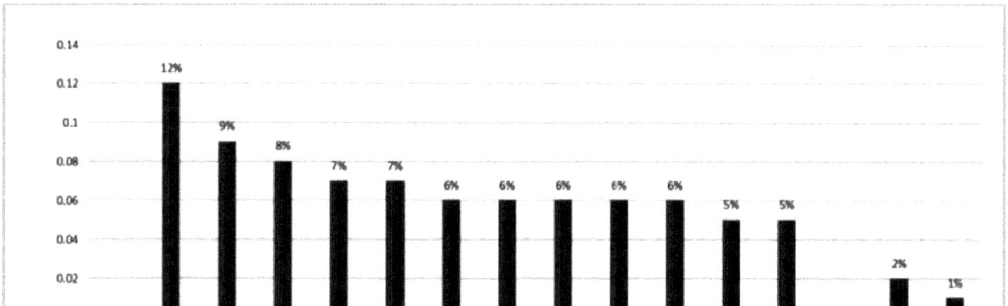

图 3-39　建筑智能化工程技术专业课程设置情况

⑩建筑装饰工程技术专业课程开设情况

2020年，全国1486所高职高专院校中，有154所院校开设了建筑装饰工程技术专业，开课比例最高的课程为建筑装饰工程计量与计价开课比例为24%，建筑装饰施工技术、建筑装饰设计、建筑装饰设计、建筑装饰设计施工组织与管理、建筑装饰材料与构造开课比例分别为22%、19%、19%、14%、14%、13%，绿建相关课程BIM技术应用、装配式建筑概论的开课比例为5%、1%。如图3-40所示。

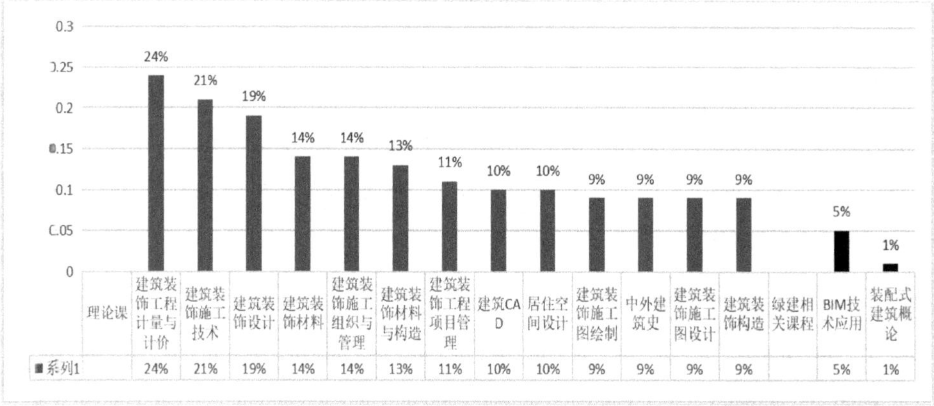

图 3-40　建筑装饰工程技术专业课程设置情况

（2）传统课程绿色化内容更新情况

通过腾讯问卷网络调查方式对 216 所学校进行了调研，对于绿色建筑相关课程开设情况的调查结果显示，开设建筑节能技术课程的占比为 29. 17%，开设绿色施工技术课程的占比为 21. 30%，绿色水系景观、绿色建材生产技术、绿色建筑评价、绿色建筑技术导则的占比分别为 4. 63%、5. 56%、9. 26%、5. 09%，开设其他绿建相关课程的占比 25.00%。如图 3-41 所示。

图 3-41　绿色建筑课程开设情况

对传统建筑课程绿色化教学内容更新调查的结果显示，教学内容增加“建筑节能”和“绿色建筑施工”的院校均占26. 11%，增加“绿色建筑设计”内容的院校占16. 02%，增加“绿色建材生产”“绿色建筑评价”“被动房相关内容”的院校分别占10. 09%、10. 98%、7. 12%，增加其他绿建内容的院校占3. 56%。如图3-42所示。

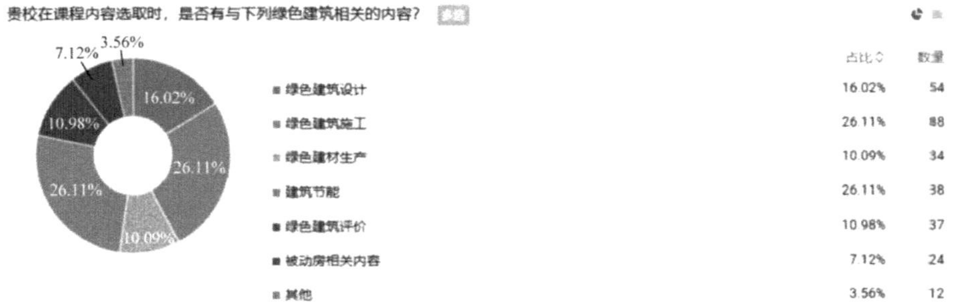

图 3-42　绿色建筑课程内容更新情况

对于绿色建筑相关课程的调查数据显示，建筑工程技术专业开设的绿色建筑相关课程占比最高，为27%，建筑室内设计、建筑智能化工程技术、建筑装饰工程技术三个专业开设的绿色建筑相关课程占比分别为2%、2%、6%。总体绿色建筑课程开设占比较高，平均占比12. 4%，仅次于各专业的核心课程。对教育部高等职业院校（高职）人才培养工作状态数据采集与管理平台的数据进行调研，结果显示，绿色建筑相关课程比较单一，大多数是装配式建设和BIM技术，真正的绿色建筑相关课程开设情况不是很好，只有供热通风与空调工程技术专业开设了建筑节能课程。

通过腾讯问卷网络平台做了补充调查，结果显示，开设的绿色建筑相关课程还有绿色施工技术、绿色水系景观、绿色建材生产技术、绿色建筑评价和绿色建筑技术导则，但是开出占比相对较低。

3.3.3 实习实训调查情况

实训基地是高职教育对学生实施职业技能训练和职业素质培养的必备条件，是提高高职人才培养质量的关键。绿建相关建筑类专业的实习实训有专业认知实习、专项实训、综合实训、跟岗实习、顶岗实习和毕业实习，如表3-25所示。所有学校都建立了与专业相匹配的校外实训基地，校内实训基地的软硬件条件都比较齐全完善，能够满足人才培养需求。但是绿色建筑相关的实训室几乎没有。

表 3-25　绿建相关建筑专业实习实训统计

序号	专业名称	实训课程
1	工程造价	工程造价综合实训、建筑工程计量与计价实训、建筑工程制图实训、建筑构造与识图、建筑工程测量实训、建筑施工组织与管理实训、建筑CAD实训、建筑工程招投标与合同管理实训、建筑工程招投标与合同管理实训、建筑设备与识图实训、建筑施工图绘制实训、跟岗实习、工程造价实训、毕业设计、顶岗实习
2	建筑工程技术	材料检测实训、建筑工程软件应用实训、建筑工程测量实训、建建筑工程资料编制实训、建施工技术远程现场实训、建筑工程招投标实训、装配式实训、建筑工程仿真软件应用实训、跟岗实习、顶岗实习、毕业设计（论文）
3	建筑工程管理	工程造价实训、建筑工程软件应用实训、建筑设计实训、建筑工程仿真实训、招投标实训、建筑工程测量实训、工程管理综合实训、工程咨询工作、建筑信息模型（BIM）技术实训、建筑模型沙盘实训、远程现场教学实训、跟岗实习、顶岗实习、毕业设计实训
4	建筑智能化工程技术	建筑工程软件应用实训、建筑工程仿真实训、建筑工程招投标实训、建筑工程测量实训、工程造价咨询工作、建筑信息模型（BIM）技术应用实训、工程造价实训、跟岗实习，顶岗实习、毕业设计（论文）

（续表）

序号	专业名称	实训课程
5	供热通风与空调工程技术	计算机制图实训、管道钣金加工实习、供热课程设计、锅炉课程设计、通风课程设计、制冷课程设计、给排水课程设计、空调课程设计、预算科创设计、设备维修实训、综合设计实训、顶岗实习、毕业设计（论文）
6	建筑电气工程技术	建筑供电与照明实训、建筑弱点应用技术实训、建筑电气控制技术实训、建筑电气施工组织与管理实训、建筑电气CAD实训、物业管理实训、专业技能强化训练、专业实践、顶岗实习、毕业设计（论文）
7	建筑钢结构工程技术	企业体验实习、测量实训、CAD制图实训建筑施工图识读实训、土建操作实训、建筑工程计量与计价实训、岗位技能培训、顶岗实习、毕业设计（论文）
8	建筑设备工程技术	机械制图实训、工程测量实习、建筑概论实习、建筑电气工程设计、设备安装技术实习、运行管理实习、建筑给排水课程设计、供热工程课程设计、生产实习、空调用制冷技术课程设计、安装工程预算课程设计、综合实验、顶岗实习、毕业设计（论文）
9	建筑室内设计	CAD制图实训、识岗实习、设计素描实习、工程制图实习、建筑效果图表现技法实习、室内装饰构造与施工实习、3D实习、PS实习、模型与沙盘制作实习、顶岗实习、毕业实习
10	建筑装饰工程技术	建筑装饰居住空间设计、建筑装饰工程概预算实训、建筑装饰施工工艺实训、建筑装饰公共空间设计、创新创业实践、CAD实训、3D实习、PS实习、顶岗实习、毕业实习

3.3.4 师资条件调查情况

据调查，各专业师资队伍的年龄结构以硕士以上中青年为主，年龄结构与学历结构合理，职称结构如图3-43所示，高职和中职是专业教师的主力军。双师型教师比例为75%～85%，但是具有直接企业经历的教师只有20%左右。高职院校的教师很多都是大学毕业后直接在院校任教的，没有实践工作经验，这是所调查院校普遍存在的问题。

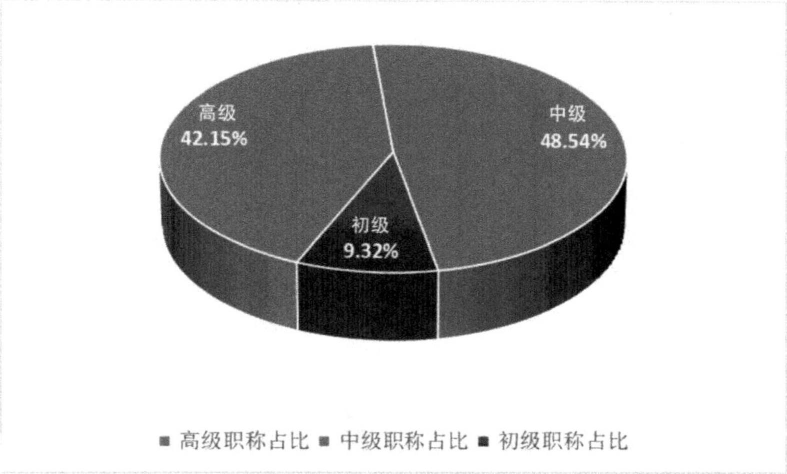

图 3-43　专业教师的职称结构

3.3.5 校企合作调查情况

学校和建筑行业企业联合，构建高职建筑行业人才培养的双主体模式，从专业设置、培养方案制订、学习领域开发、课程体系构建、学习情景设计、教学实施、质量控制与评估、校内外实训基地建设、双师素质培养、兼职教师队伍建设、对外服务等各方面，实现校企共建、共管、共享、共担的局面已然形成。

在对合作模式的调查中，共建校外实训基地的占比100%，“订单”合作的占比5. 6%，现代学徒制合作的占比为1. 3%，共建产业学院的占比为0. 23%，共建课程的占比为94. 6%，共建教材的占比为91. 2%，顶岗实习的占比为100%，产学研模式的占比为10. 3%，共建工作室的占比为20. 5%。各种合作模式使用情况如图3-44所示。

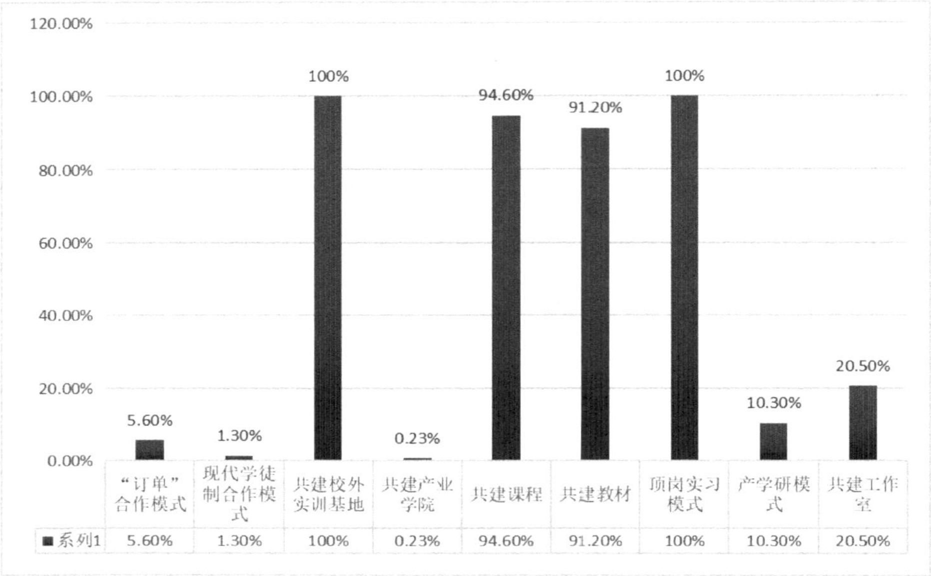

图 3-44　校企合作模式

近年来职业院校依托全国建筑和各行业职业教育教学指导委员会、职业教育集团以及各学校校企合作交流平台，通过校企合作、分析职业岗位的典型工作任务、合理设置课程、引入职业标准、确定课程内容、编写项目化教材、改革课程评价体系、培养“双师型”教师、建设生产性实训基地等措施，强化了学生的专业能力和职业素质，有效地提升了学生运用所学知识和技能解决实际工作问题的能力，人才培养质量得到明显提升。

3.3.6 技能等级证书等调查情况

建筑类专业证书可以分为建设企事业单位专业管理人员岗位证书（“八大员”）、“1＋X”技能等级证书和执业资格证书。在校期间能够取得的是专业岗位证书和“1＋X”技能等级证书，如表3-26所示。调查显示，2018年和2019年以岗位证书为主，2020年以“1＋X”技能等级证书为主。2020年，各省在校学生“1＋X”技能等级证书的取得率差别很大，有经费支持的省市“1＋X”证书取得率为75%～85%，例如山东省教育厅有“1＋X”技能等级证书的专项经费资助。没有省市教育厅专项经费支持的学校，自行承担相关费用，等级证书取证率为10%～15%。

表 3-26　建筑类专业岗位证书、技能等级证书、执业资格证书统计表

专业名称	技能等级证书	专业岗位证书	高级职业资格证书
工程造价	“1+X”工程造价数字化应用职业技能等级证书	造价员、材料员、资料员、标准员	注册造价工程师
建筑工程技术	“1+X”建筑工程识图职业技能等级证书、“1+X”装配式建筑构件制作与安装职业技能等级证书	建筑施工员、建筑质量员	注册建造师、注册监理工程师、注册安全工程师
建设工程管理	“1+X”建筑信息模型（BIM）职业技能等级证书	建筑施工员、建筑质量员、建筑标准员	注册建造师、注册监理工程师
建筑智能化工程技术	“1+X”建筑信息模型（BIM）职业技能等级证书	建筑设备施工员、建筑设备质量员	注册设备工程师
建筑电气工程技术	“1+X”建筑工程识图职业技能等级证书	建筑设备施工员、建筑设备质量员	注册电气工程师、注册建造师
建筑钢结构工程技术	“1+X”装配式建筑构件制作与安装职业技能等级证书	建筑施工员、质检员	注册建造师、注册监理工程师
建筑设备工程技术	“1+X”建筑工程识图职业技能等级证书	建筑设备施工员、建筑设备质量员、建筑机械员	注册设备工程师、注册电气工程师
建筑装饰工程技术	“1+X”建筑工程识图职业技能等级证书	装饰装修施工员、装饰装修质量员、装饰装修标准员	装饰行业注册建造师
供热通风与空调工程技术	“1+X”建筑工程识图职业技能等级证书	设备施工员、设备质量员	注册设备工程师
建筑室内设计	“1+X”室内设计职业技能等级证书	装饰装修施工员、装饰装修质量员、装饰装修标准员	装饰行业注册建造师

3.4 建筑类专业改革的思路和做法

3.4.1 职业院校重点专业建设情况

通过视频访谈和邮件方式，对10所高职专科院校的专业改革进行了调查。

调查反馈信息显示，各校对建筑专业群建设形成共识："以重点建设专业为龙头，相关专业为支撑建设专业群，发挥专业群对地方产业和区域经济发展服务的规模效应，重点建设专业是专业群建设的关键，只有建成了重点专业这个龙头，才能发挥专业群的整体优势，重点建设专业是专业群建设的关键。"重点专业与相关专业群之间存在着相互制约和相互促进的关系。因此，重点建设专业的选择不是随意的，要综合考虑学院所处的行业背景、区位优势、专业办学条件、师资情况、专业的辐射功能及专业发展与地方经济的关系等因素。下面以山东工业职业学院、黑龙江建筑职业技术学院和枣庄科技职业学院3所高职专科院校为例，对具体调查情况进行说明。

（1）山东工业职业学院建筑工程技术专业改革的思路和做法

①改革思路

建筑工程技术专业依托学院冶金行业背景，立足"为学生的就业和发展服务、为企业的生产和经营服务"的办学宗旨，走校企融合、"订单式"人才培养的路子。专业改革顺应时代发展，以绿色智能建筑、装配式建筑为两大主线，对人才培养目标进行重新定位，创新性制定建筑工程技术人才培养模式，调整更新专业课程体系，培养一批具有绿色建筑理念的建筑工程类应用型人才。

②具体做法

第一，组建行业企业共同参与的专业建设委员会。建筑工程技术专业充分发挥行业和地理优势，每年与建筑类专业相关企事业单位就专业建设进行具体交流，为便于管理沟通，组建了行业企业共同参与的学校专业建设委员会。

第二，建立专业动态调整机制。根据新形势要求和招生情况，适时调整相关专业。学院建筑类各相关专业能较好地适应市场需求，学生就业前景广，未被列入专业调整之列。

第三，调整人才培养方案。在人才培养目标上，重新定位并明确人才培养目标，增加“绿色建筑”元素。将原人才培养方案中“……适应建筑业专业发展转型生产、管理、服务第一线需要，具有良好职业道德、敬业精神、创新创业意识……”修改为“……适应建筑业专业发展转型升级、绿色生产、管理、服务第一线需要，具有良好职业道德、敬业精神、创新创业意识、绿色建筑意识……”

第四，按照系统工程的观点，与校内相关专业组建专业群。2012年，学院建筑工程技术专业被评为山东省名校建设专业。结合学院的工业类行业背景，在近10年的发展过程中，逐步形成以民用建筑为主，兼顾工业建筑方向的发展模式。近年来，为深入贯彻落实《国家职业教育改革实施方案》和《山东省教育厅等11部门关于办好新时代职业教育的十条意见》精神，以建筑工程技术专业为基础，融合工程造价、工程管理、物联网、建筑装潢设计等专业，逐步形成以绿色建筑和装配式建筑为两大主线的建筑工程技术专业群。该专业群涉及绿色建筑设计、绿色建材生产、绿色设备供应、绿色施工、绿色运行、绿色评价、能耗监测、建筑报废、绿色化回收等领域，与建筑全生命周期的系统工程相一致，从而促进教育链、人才链、创新链与产业链深度融合，全面提升人才培养质量，更好地服务山东省乃至全国的建筑行业。

第五，行业企业参与课程体系建设。学院建筑类专业依托山东钢铁集团行业背景，以及地处“山东建筑之乡”——桓台的地理优势，深入淄博市工程质量监督站、山东万鑫建设有限公司、鲁冶项目管理有限公司、淄博市建筑设计院等10余家企事业单位进行深入交流。对人才培养、人才需求进行了详细调研，构建起顺应建筑产业转型升级需要的新的课程体系。

（2）黑龙江建筑职业技术学院建筑专业群改革的思路与做法

①改革思路

依据高等职业教育（专科）服务产业目录、产业结构调整指导目录（2019年本）《国民经济行业分类》（GB/T 4754—2017），分析专业服务面向，考虑行业服务属性和行业关联度特征，实现“产业链、岗位链、人才链”的“三链”对接。

围绕黑龙江省建筑行业对高素质技能型人才的需求，以推进建筑产业现代化为目标，以“四化融合”（精细化、信息化、绿色化、工业化）为核心，以“四个建造”（精益建造、数字建造、绿色建造、装配式建造）为驱动，聚力打造市政工程技术专业群、智能建造专业群、建设工程管理群、建筑设计专业群、建筑智能化工程技术专业群等全国领先的、与国际接轨的高水平专业群，实现建筑行业全产业链人才培养全覆盖。

②具体做法

第一，创新“2355”人才培养理念，构建复合型人才培养体系。以立德树人为根本，创新“双主体、三融合、五坚持、五维度”人才培养理念。深化产教融合、校企合作，形成“双主体”育人的办学模式；实现专业教育与创新创业融合，课程体系与国际标准、职业标准和技能等级证书融合，课程建设与思政和四新技术融合等“三融合”；坚持立德树人、精技育人、以文化人、强体锻人、以劳塑人等“五坚持”育人模式，关注学生德智体美劳全面发展；培育学生为人的高度（思想政治教育）、深度（职业素质养成）、厚度（人文素质教育）、长度（身体素质锻炼）、强度（创新创业素质）等“五维度”全面发展。将社会主义核心价值观教育贯穿技术技能人才培养全过程，构建课程思政、项目化课程、文化品牌活动、实践体系、劳动教育“五线合一”“三化并行”人才培养体系，实施人才类型多样化培养、实施学分银行个性化培养、推进“1＋X”证书试点精准化培养。

第二，以课程改革为抓手，促进课程建设提升和优化。课程建设是贯彻高职教育理念和落实教学质量工程的重要载体，聚焦课程改革主线，从体系到课程系统设计，促进课程建设全面提升和优化。一是优化人才培养方案，构建基于工作过程的课程体系。按照专业群建设发展理念，校企共同组建课改教学团队，对接职业岗位标准，共同确定职业岗位能力，对职业工作过程进行分析与归纳，整合专业群核心课程，构建各专业群“共享、并行、互选”一体化课程体系。将思政教育、美育、劳动教育融入课程体系，提升学生职业核心能力和综合素养，实现人才培养与人才需求规格的无缝对接。二是基于工作任务引领，组建校企一体的课程开发团队，将专业群内核心课程建设成精品在线开放课程、“金课”、课程思政示范课程和具有职业教育特点的省级课程思政教育案例。三是聚焦一体化课程，开发多形态教材及资源。校企合作，引入企业的新产品、新工艺、新技术，与教学项目、教学过程有机结合，将大量生产实例及最新成果引入教材，结合信息化技术，开发适合一体教学改革的新型活页式、工作手册式、立体化教材并配套开发信息化资源。四是转变教育教学理念，推行“教、学、做”一体教法改革，普及项目驱动、行为导向、任务驱动等教学方法，“课”“证”结合，将职业资格证书认证标准融入教学内容当中。

第三，夯实“三教”改革之基，强化师资队伍建设。一是顶层设计师资队伍建设体系。按照“四有”“四个引路人”和“四个相统一”要求，以师德塑造为根本，以“双导向、双考核”机制为保障，搭建“一中心、三体系”培育平台，靶向培养“高超技艺”的高端人才，打造“专兼结合、双师组合、机制融合”的高水平双师队伍。二是聚焦精准定位，靶向培养高端人才。内培外引，立体化培养，发挥专业群带头人的头雁作用。面向服务龙江地区企业，培养具有较强的教学实践能力和团队协作精神的骨干教师。培养具备高超精湛的理论水平、生产一线操作和实践教学能力、绝技绝艺和高水平的技术技能大师。以工匠精神为引领，重点打造大师工作室、教师工作坊、国际工作站，吸收N个企业和国外高校参加平台共建，服务学校教师培养培训工作。聘请行业企业领军人才、大师名匠兼职任教，组建学校外聘教师“金智库”。三是构建一流培训体系，实现职业全生涯培养。多措并举，长效培养，系统构建“双师双能”个性化成长体系，打造教师职业全生涯培养体系。四是构建一流管理体系，保障教师专业发展。结合智慧化校园建设项目，研发集管理与服务功能为一体的教师发展平台，促进教师专业品质的提升。五是建立“以业绩贡献为导向的激励机制、以能力水平为导向的评价机制、以目标管理为主的竞争考核机制、以目标考核为主的监督机制”的双导向、双考核的评价体系。

第四，深化产教深度融合，打造高水平实训基地。坚持“服务、融入、引领”的建设理念，以推进校企双元育人为主线，重点推进职业教育集团化办学和混合所有制办学改革，深化现代学徒制培养模式，形成“产中有教、教中有产”产教融合新生态。建设6个示范性虚拟仿真实训基地，实体运作1个高端、共享、灵活的黑龙江省建设职教集团产教融合平台，共建锐捷学院、海尔学院等6个产业学院，深化“六位一体”的协同育人模式。

（3）枣庄科技职业学院建筑专业群建设情况

①专业群建设现状

学院自建院以来一直以建筑工程技术专业为龙头，结合工程造价、建设工程管理、建筑装饰工程技术、建筑设计等专业组建建筑全生态链的专业群。

随着建筑业的智能化发展，学院于2020年新申报室内设计、装配式构建智能制造与生产专业，并于2021年开始招生；2021年新申报装配式建筑技术、智能建造技术2个专业，于2022年开始招生。

学院积极联合当地及周边知名企业、行业协会及行政主管部门共同组建专业建设委员会，商讨专业设置、课程体系、学生培养等情况；每两年召开一次会议，研讨专业发展的趋势。学院建立了专业动态调整机制，每年根据招生情况、行业动态及社会发展需求，动态调整专业。2021年建筑及相关专业共9个，2022年增加至11个。

②改革思路及方法

第一，打造“工程型”教学团队。落实“青年教师跟工程项目，专业教师下企业实践”的教师培养制度，派专业教师到施工企业一线进行“跟工程项目”实践锻炼，开展“专家进校园”的活动，请企业人士为专业教师传授新工艺、新技术，打造“工程型”教学团队。

第二，校企共建共享专业资源。邀请企业专家与能工巧匠共同参与教学大纲的编制；校企共建装配式生产实训基地，校企共建相关专业先进的实验实训室，为合作企业提供项目部中各层次的人员培训，并与企业一起进行技术开发，鼓励专业教师与企业专家合作研究、合作设计、互相兼职，实现科研成果转化。

第三，校企共建课程和教材。校企共建线上慕课课程，校企共同编制新型活页式、工作手册式及校企合作开发教材，不断更新绿色建筑教学内容，“1＋X”证书纳入学分银行。

3.4.2 特色人才培养模式

在对高职专科人才培养方案的调研中发现，各学校都建立了具有自身特色的人才培养模式，现就以下几种重点说明。

（1）“岗位主导式”人才培养模式

瞄准职业岗位确定教学内容、围绕岗位能力组织实施教学，实现专业教育与行业教育、岗位教育的有机结合，学生与行业、岗位、社会的“零距离”接触，切实培养“懂设计、精施工、善管理”的专业人才。

（2）“三阶段三能力”人才培养模式

在学生在读的3年学习期间，以培养适合建筑工程岗位需求的高素质技能型人才的核心理念为指导依据，将教学时间分为三个阶段，按“企业实际岗位要求→顶岗实习（岗位技能）→综合案例实训（项目技能）→基本技能”的逻辑顺序，由实际岗位要求确定顶岗实习的培养目标，由顶岗实习对岗位技能的要求确定企业综合案例实训（项目技能）的培养目标，由综合案例实训要求确定基本技能的培养目标，最终形成项目驱动教学、教与练交替、三阶段技能递进式的工学结合人才培养方案。

（3）“循环加强式”课程体系结构的人才培养模式

以职业能力培养为主线，按“初级、中级、高级、强化”四阶段和“认识、加强、应用”三循环的技能递进方式培养，形成了“循环加强式”课程体系结构的人才培养模式。对学生应具备的知识和能力进行剖析，调整课程内容，剖析职业素养和技能要求，对教学方法与手段进行改革。工程造价专业课程采用项目化教学方式，采用学校教学楼、办公楼、实训楼等工程图纸进行课程情境设计和能力任务设计。

（4）“四线贯穿、书证融通”的人才培养模式

四线贯穿即企业导师指导贯穿人才培养过程、思政素质教育贯穿人才培养过程、工程实践贯穿人才培养过程、创新创业教育贯穿人才培养过程；书证融通即课程内容与“1＋X”建筑工程识图、建筑信息模型（BIM）、工程造价数字化应用、装配式建筑构件制作与安装、建筑室内设计、邮轮内装等职业技能

等级证书认证有效融通。将国家职业标准对建设工程管理专业人才所要求的理论知识、操作技能和职业素质贯穿于各专业核心课程中，同时对接省赛、国赛技能要求，形成基于岗位群的“平台共享＋技术技能＋能力拓展”课程体系。

（5）“223”工学交替人才培养模式

校企联合人才培养的“双主体”、在校内和企业“两个场所”开展工学交替、实现学生“三层次”（单项技能、综合技能、职业综合技能）能力提升的“223”工学交替人才培养模式。近年来，为了更好地推进现代学徒制试点，探索适合建筑行业发展的人才培养路径，实施了“四双四融、工学交替”人才培养模式改革，有力地促进了人才培养质量的提高。

3.5 职业院校绿色建筑类专业设置与招生就业情况分析

3.5.1 职业教育本科专业新增专业数多，专业布点少

高职本科职业院校30所，2020年，有11所建筑类高职本科职业院校开设绿色建筑对应及相关专业5个，在2021年新专业目录中增加为20个；高职专科职业院校819所，2021年新增绿色建筑对应及相关专业2个；中职职业院校1700余所，2021年新增绿色建筑对应及相关专业2个。新旧专业对应关系如表3-27至表3-29所示。2021年高职本科绿色建筑相关专业布点主要在华东区和华南区，专业布点数分别是9个和8个，高职本科专业点数较少，如表3-27所示。

表 3-27　高职本科绿色建筑对应及相关专业新旧对照表

序号	原专业名称	新专业名称	专业设置情况	与绿色建筑行业关系
1	建筑设计	建筑设计	保留	相关
2	风景园林	园林景观工程	更名	对应
3	土木工程	建筑工程	更名	相关
4	工程造价	工程造价	保留	相关
5	工程管理	建设工程管理	更名	相关
6		新材料与应用技术	新增	对应

（续表）

序号	原专业名称	新专业名称	专业设置情况	与绿色建筑行业关系
7		建筑材料智能制造	新增	对应
8		建筑装饰工程	新增	相关
9		古建筑工程	新增	相关
10		城市设计数字技术	新增	对应
11		城乡规划	新增	对应
12		城市地下工程	新增	相关
13		建筑智能检测与修复	新增	相关
14		建筑环境与能源工程	新增	对应
15		建筑电气与智能化工程	新增	相关
16		市政工程	新增	相关
17		城市设施智慧管理	新增	对应
18		房地产投资与策划	新增	相关
19		现代物业管理	新增	对应
20		智能建造工程	新增	对应

表 3-28　高职专科绿色建筑对应及相关专业新旧对照表

序号	原专业名称	新专业名称	专业设置情况	与绿色建筑行业关系
1	建设工程管理	建设工程管理	合并	相关
2	建设项目信息化管理			
3	建筑装饰工程技术	建筑装饰工程技术	保留	相关
4	建筑室内设计	建筑室内设计	保留	相关
5	建筑工程技术	建筑工程技术	保留	相关
6	建筑钢结构工程技术	建筑钢结构工程技术	保留	对应
7	建筑设备工程技术	建筑设备工程技术	保留	相关
8	建筑电气工程技术	建筑电气工程技术	保留	相关
9	供热通风与空调工程技术	供热通风与空调工程技术	保留	相关
10	建筑智能化工程技术	建筑智能化工程技术	保留	对应

（续表）

序号	原专业名称	新专业名称	专业设置情况	与绿色建筑行业关系
11	工程造价	工程造价	保留	相关
12	建筑材料检测技术	建筑材料检测技术	保留	相关
13	建筑设计	建筑设计	保留	相关
14	古建筑工程技术	古建筑工程技术	保留	相关
15	园林工程技术	园林工程技术	保留	对应
16	风景园林设计	风景园林设计	保留	对应
17	房地产检测与估价	房地产智能检测与估价	更名	对应
18	城市信息化管理	智慧城市管理技术	更名	对应
19	城乡规划	城乡规划	保留	相关
20	建筑经济管理	建筑经济信息化管理	更名	对应
21	建设工程监理	建设工程监理	保留	相关
22	市政工程技术	市政工程技术	保留	相关
23		装配式建筑工程技术	新增	对应
24		智能建造技术	新增	对应

表 3-29　中职绿色建筑对应及相关专业新旧对照表

序号	原专业名称	新专业名称	专业设置情况	与绿色建筑行业关系
1	建筑工程施工	建筑工程施工	保留	相关
2	楼宇智能化设备安装与运行	建筑智能化设备安装与运维	更名	对应
3	建筑设备安装	建筑水电设备安装与运维	更名	相关
4	供热通风与空调施工运行	供热通风与空调施工运行	保留	相关
5	工程造价	建筑工程造价	更名	相关
6	道路与桥梁工程施工	道路与桥梁工程施工	归属调整	相关
7	工程材料检测技术	建筑材料检测技术	归属调整、更名	相关
8	建筑与工程材料	新型建筑材料生产技术	归属调整、更名	对应
9	硅酸盐工艺及工业控制	建筑材料智能生产技术	归属调整、更名	对应

（续表）

序号	原专业名称	新专业名称	专业设置情况	与绿色建筑行业关系
10	建筑装饰	建筑装饰技术	更名	相关
11	市政工程施工	市政工程施工	保留	相关
12	古建筑修缮与仿建	古建筑修缮	更名	相关
13	城镇建设	城镇建设	保留	相关
14	土建工程检测	建筑工程检测	更名	相关
15	建筑表现	建筑表现	保留	相关
16	给排水工程施工与运行	给排水工程施工与运行	保留	相关
17	城市燃气输配与应用	城市燃气智能输配与应用	更名	对应
18	房地产营销与管理	房地产营销	归属调整、更名	相关
19	物业管理	物业服务	归属调整、更名	相关
20		装配式建筑施工	新增	对应
21		建设项目材料管理	新增	相关

3.5.2 高职专科、中职专业布点多面广

调查数据显示，高职专科和中职院校专业布点集中在华东、西部和华中区域，专业布点数分别为1224个、1112个、902个，专业布局广、专业点数多。2021年六大区域绿色建筑对应及相关专业布点情况如表3-30所示。

表 3-30　2021 年六大区域绿色建筑对应及相关专业点分布

单位：个

区域	高职本科	高职专科	中职	合计
华北地区	5	367	193	565
东北地区	2	178	83	263
华东地区	9	740	484	1233
华中地区	2	650	252	904
华南地区	8	287	131	426
西部地区	3	663	449	1115

2021年，高职专科专业点数最多的前10名省份为河南、江苏、山东、湖北、贵州、河北、安徽、广东、江西、广西，如图3-45所示；中职专业点数最多的省份为河南、江苏、四川、福建、山东、浙江、河北、云南、广东、安徽，如图3-46所示；高职本科专业布点最多的省是山西，布点数为5个，如图3-47所示。

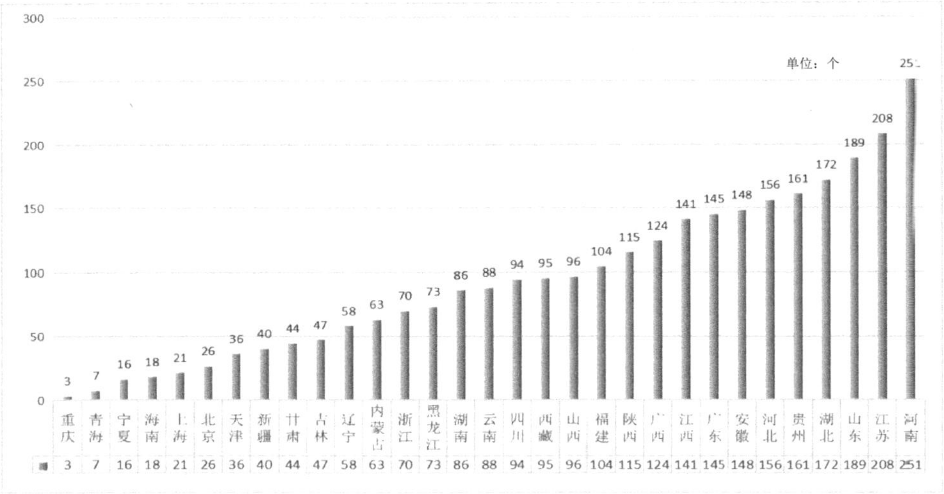

图 3-45　2021 年高职专科各省专业点数

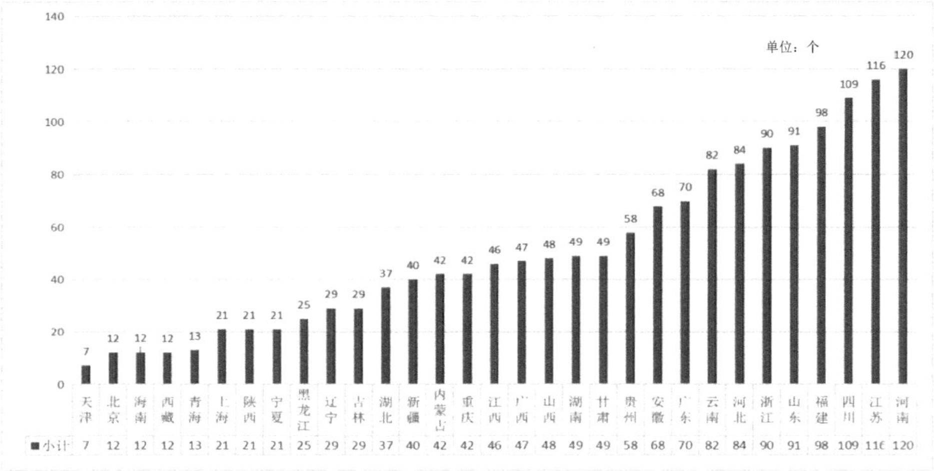

图 3-46　2021 年中职各省专业点数

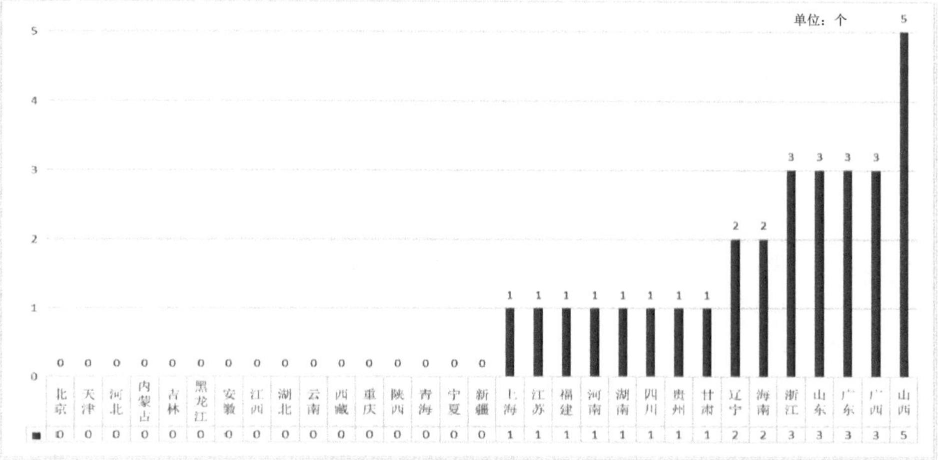

图 3-47　2021 年高职本科各省专业点数

3.5.3 高职专业点总数基本稳定、中职专业点数稳中有降

2019—2021年，高职专科建筑钢结构工程技术等绿色建筑对应及相关的10个专业点总数分别2685个、2677个、2862个，2020年专业点总数比2019年减少0. 3%，2021年比2020年增加6. 91%，3年专业点总数变化率低于10%，专业布点总数相对稳定。专业点数增加最快的专业是建筑装饰工程技术专业，2021年比2020年增加126. 62%，专业点数减少较多的是建筑设备工程技术、建筑电气工程技术、建筑钢结构工程技术这3个专业，负增长率分别为28. 57%、25. 33%、17. 24%。如表3-31、图3-48所示。

表 3-31　2019—2021 年高职专科绿色建筑对应及相关专业布点数

序号	专业名	2019 年（个）	2020年（个）	2021年（个）	专业点数增长率（%）	
					2019—2020年	2020—2021年
1	建筑钢结构工程技术	29	29	24	0	−17. 24
2	供热通风与空调工程技术	49	51	45	−4. 10	−11. 76
3	建筑电气工程技术	76	75	56	−1. 32	−25. 33
4	建筑设备工程技术	72	84	60	16. 67	−28. 57
5	建筑装饰工程技术	157	154	349	−1. 91	126. 62

（续表）

序号	专业名	2019 年（个）	2020年（个）	2021年（个）	专业点数增长率（%）	
					2019—2020年	2020—2021年
6	建筑智能化工程技术	179	162	154	−9. 50	−4. 94
7	建筑室内设计	259	282	315	−8. 88	11. 70
8	建筑工程管理	357	349	384	−2. 24	10. 03
9	建筑工程技术	730	722	713	−1. 10	−1. 25
10	工程造价	777	769	762	−1. 03	−0. 91
合计		2685	2677	2862	−0. 30	6. 91

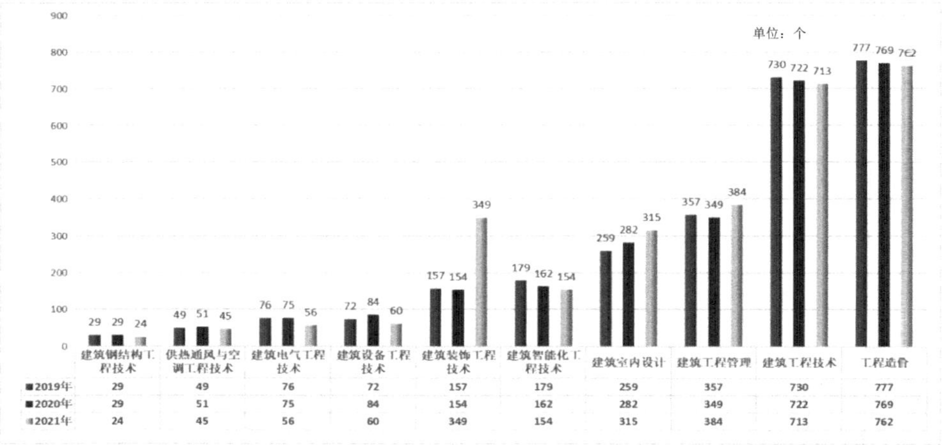

图 3-48　2019—2021 年高职专科绿色建筑对应及相关专业布点数

中职院校建筑智能化设备安装与运维等绿色建筑对应及相关的10个专业布点数分别1835个、1764个、1594个，专业布点总数稳中有降。相对2019年专业布点数，2020年减少最多的专业是建筑工程施工，减少了74个；其次是建筑装饰技术、建筑智能化设备安装与运维和建筑工程造价，分别减少了56个、49个、34个，如表3-32、图3-49所示。

表 3-32　中职绿色建筑对应及相关专业布点数统计表

单位：个

序号	专业名	2019年	2020年	2021年
1	建筑工程施工	863	838	789
2	建筑装饰技术	389	380	333

（续表）

序号	专业名	2019年	2020年	2021年
3	建筑工程造价	287	285	253
4	建筑水电设备安装与运维	33	30	24
5	建筑智能化设备安装与运维	112	91	63
6	市政工程施工	37	42	42
7	道路与桥梁工程施工	85	68	68
8	建筑材料检测技术	1	2	3
9	新型建筑材料生产技术	13	13	9
10	建筑材料智能生产技术	15	15	10
合计		1835	1764	1594

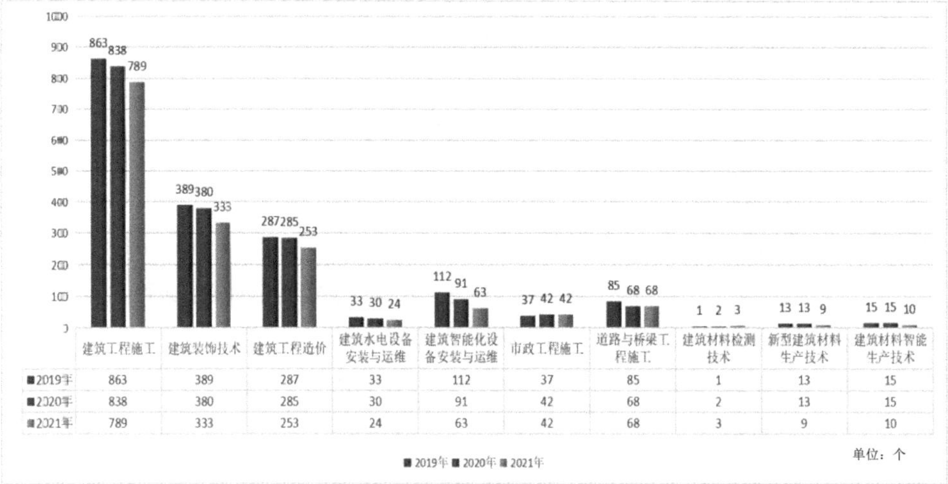

图 3-49　2021 年中职各省专业点数

高职本科专业2020年开始招生，专业布点相对较少，但是比较稳定，2020年、2021年建筑设计、建筑工程、工程造价、建设工程管理、园林景观工程等5个专业的布点总数分别为32个、31个，如表3-33所示。

表 3-33　高职本科绿色建筑对应及相关专业布点数统计表

单位：个

序号	专业名	2020年	2021年
1	建筑设计	6	3
2	园林景观工程	2	3

（续表）

序号	专业名	2020年	2021年
3	建筑工程	6	13
4	工程造价	13	10
5	建设工程管理	5	2
合计		32	31

3.5.4 招生规模专科持续增长，高职本科、中职稳中有降

高职本科职业院校绿色建筑对应及相关专业，2019年招生4407人，2020年招生4036人，2021年招生3173人，招生规模略有下降。2021年，高职本科职业院校绿色建筑对应及相关专业在校生为11616人。

高职专科职业院校绿色建筑对应及相关专业，2019年招生249274人，2020年招生268574人，2021年招生491653人，2021年在校生数为1009501万人。

中职院校绿色建筑对应及相关专业，2019年招生134413人；2020年招生141721人，2021年招生104964人，2021年在校生人数为381098人。2021年，职业院校绿色建筑对应及相关专业各层次在校生总数为1401375人。如表3-34、图3-50所示。

表 3-34　2019—2021 年职业院校各层次绿色建筑类专业招生人数

单位：人

专业层次	2019年	2020年	2021年	小计
高职本科	4407	4036	3173	11616
高职专科	249274	268574	491653	1009501
中职	134413	141721	104964	381098
合计	1401375			

数据来源：教育部统计数据

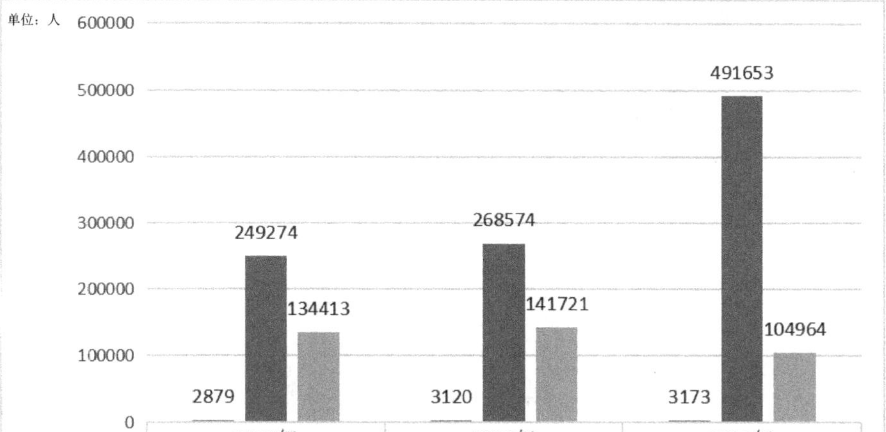

	2019年	2020年	2021年
高职本科	2879	3120	3173
高职高专	249274	268574	491653
中职	134413	141721	104964

图 3-50　2019—2021 年职业院校各层次绿色建筑类专业招生人数

3.5.5 高职专科招生规模最大、高职本科招生规模最小

调查结果显示，2019—2021年，华东等六大区域高职专科招生总数为43509人，中职招生人数为10309人，高职本科为657人，高职专科招生数量最多，主要集中在西部、华东和华南区域，招生数分别为222631人、219373人、123577人。如表3-35、图3-51、图3-52所示。

表 3-35　2019—2021 年六大区职业院校招生数

单位：人

地区	高职本科及其以	高职专科学	中职	合计	占比
华东地区	9861	219373	134505	363739	27. 70%
西部地区	3609	222631	120871	347111	26. 40%
华中地区	1936	18444	80868	267244	20. 30%
华南地区	14194	123577	38795	176566	13. 40%
华北地区	2373	64997	38171	105541	8. 00%
东北地区	657	43509	10309	54475	4. 20%
总计	1401375				

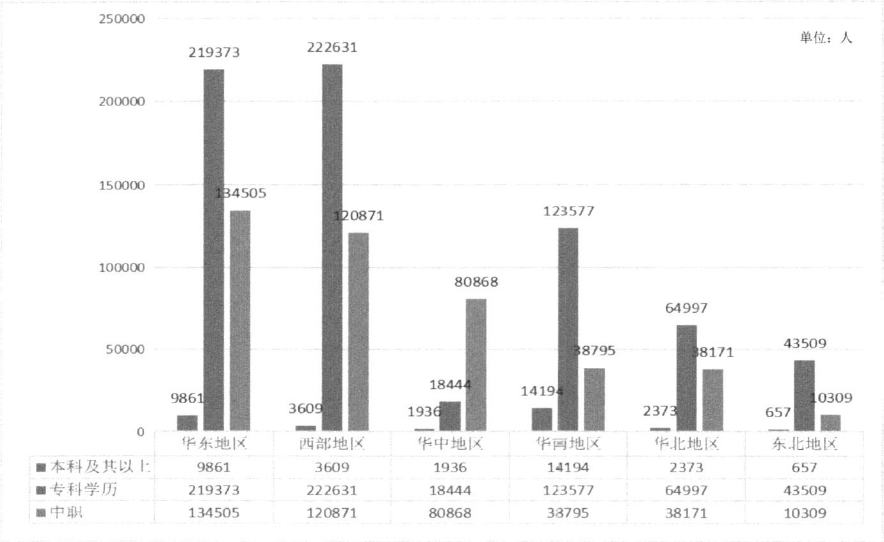

图 3-51　2019—2021 年六大区域职业院校招生人数

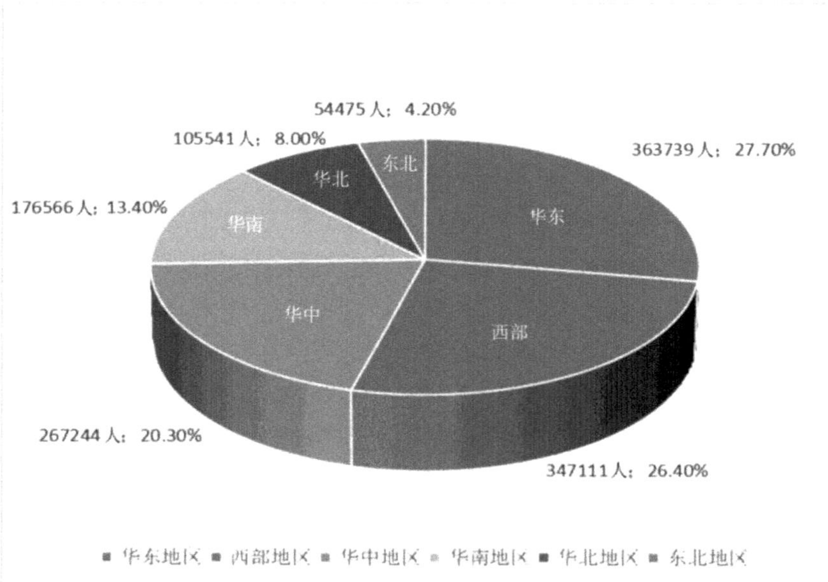

图 3-52　2019—2021 年六大区域职业院校招生人数分布

3.5.6 绿色建筑对应及相关专业就业率较高

2019年，高职专科院校绿色建筑对应及相关专业毕业人数为203829人，就业率为93. 6%，专业对口就业率为80. 1%；2020年毕业人数为197371人，就业率为94. 9%，专业对口就业率为82. 3%；2021年毕业人数为224882人，就业率为95. 2%，对口就业率为83. 1%。如表3-36所示。

表 3-36　2019—2021 年高职专科院校绿色建筑对应及相关专业就业情况

年份	毕业人数（人）	就业率（%）	对口就业率（%）
2019年	203829	93. 60	80. 10
2020年	197371	94. 90	82. 30
2021年	224882	95. 20	83. 10

数据来源：教育部统计数据

2019年，中职院校绿色建筑类专业毕业人数为112707人，就业率为96. 40%，对口就业率为77. 20%；2020年毕业人数为109666人，就业率为97. 90%，对口就业率为76. 30%；2021年毕业人数为121725人，就业率为95. 70%，对口就业率为78. 20%。数据显示，中职就业率略高于高职，但专业对口率有所下降，如表3-37所示。

表 3-37　2019—2021 年中职院校绿色建筑对应及相关专业就业情况

年份	毕业人数（人）	就业率（%）	对口就业率（%）
2019年	112707	96. 4	77. 2
2020年	109666	97. 9	76. 3
2021年	121725	95. 7	78. 2

数据来源：教育部统计数据

3.6 职业院校绿色建筑对应及相关专业人才培养状况分析

根据职业院校绿色建筑类专业设置与招生就业现状分析，全国有2654个高职专业布点、1712个中职专业布点，立足区域经济和绿色建筑行业的发展，培养的建筑类专业人才多集中在工程造价、建筑工程技术、建筑工程管理、建筑智能化工程技术和市政工程技术等绿色建筑类专业，而材料工程技术、建筑材料工程技术、建筑装饰材料技术和新型建筑材料技术专业开设很少。

3.6.1 绿色建筑对应及相关专业定位明确

调查结果显示，中职专业定位为："高素质劳动者和技术技能人才"，对混凝土工、钢筋工、检验工等技术技能操作岗位进行了定位。例如某中职学校工程造价专业定位进行了如下描述：坚持立德树人，面向建筑施工企业、工程咨询、招标代理机构、房地产开发等行业企业，培养从事工程造价、工程招投标岗位的基本算量、合同文件管理、资料整理等岗位基础工作，德智体美劳全面发展的高素质劳动者和技术技能型人才。

高职专科绿色建筑对应及相关专业定位："高素质技术技能人才"，对施工员、造价员等高素质技术技能岗位进行了定位。例如某高职院校的工程造价专业进行了如下描述：坚持立德树人、德技并修，面向工程造价咨询公司等行业企业，培养从事工程预结算、工程成本管理、工程招投标与合同管理、资料管理等工作，具备一定的科学文化水平及良好的人文素养、职业道德和创新意识的素质，掌握管理学、经济学、建筑工程技术知识，拥护中国共产党领导和社会主义制度，践行社会主义核心价值观，德智体美劳全面发展的高素质技术技能人才。

高职本科层次的专业定位为："高层次技术技能人才"，对项目经理、技术工程师等高级技术技能与管理相关岗位进行了定位，例如造价工程师、BIM工程师、项目经理等。例如：某职业大学对工程造价专业进行了如下描述：本专业为适应区域经济社会发展和产业结构升级需要，面向现代工程咨询行业，培养适应社会主义现代化建设需要，德智体美劳全面发展，具有土木工程技术知识和与工程造价管理相关的经济学、管理学、法律与合同等基本知识，掌握工程造价的理论、方法和手段，获得造价工程师基本训练，具备较强的建设工程项目全过程造价咨询能力与创新能力的高层次技术技能型人才。

3.6.2 人才培养目标定位明确

通过腾讯问卷网络调查问卷和文献调查发现，职业院校绿色建筑对应及相关专业人才培养目标定位明确，就业面向全面清晰，培养层次精准，明确德、智、体、美、劳等方面全面发展的目标要求。培养目标分为素质目标、能力目标和知识目标，其中能力目标包括职业基本能力、专业核心能力和其他（岗位适应）能力。在素质目标中100%的专业明确了对思政政治素养、专业素养和职业素养培养的目标要求，90%以上的专业明确了对健康的体魄、有乐观向上的健全的人格等身心素养的目标的要求。

3.6.3 绿色建筑对应及相关专业课程开出率较低

根据教育部高等职业院校（高职）人才培养工作状态数据采集与管理平台的数据，绿色建筑相关课程比较单一，大多数是《装配式建设》和《BIM技术》，《建筑节能》《绿色施工技术》《绿色建材生产技术》《绿色建筑评价》《绿色建筑技术导则》等绿色建筑对应的专业课程并没有开设。调查数据显示，绿色建筑相关课程开出比例最高的是装配式建筑、绿色建筑类课程，开出比例为10%，其次是《BIM技术》绿色建筑课程，开出比例为8%左右，其他绿色建筑相关课程开出比例为2%～6%。

3.6.4 对接行业发展需求的绿色化教学内容更新速度较低

根据调查与分析，建筑类院校相关专业绿色化教学内容更新速度落后于产业发展的需要，虽然设立了专业动态调整机制，但受信息的接收、师资的匹配、教学条件的限制等因素，专业内容的更替并没有跟上产业的发展。通过腾讯问卷对216所院校的传统建筑类课程内容绿色化升级进行了调查，结果显示，传统专业课程增加“建筑节能”和“绿色建筑施工”教学内容的占26.11%，增加“绿色建筑设计”内容的占16.02%，增加“绿色建材生产”“绿色建筑评价”“被动房相关内容”的分别占10.09%、10.98%、7.12%，增加其他绿色建筑内容的占3. 56%。缺乏对传统的基础课、专业基础课、专业课课程结构的合理安排，未及时根据岗位新要求更新教学内容。

3.6.5 实习实训体系完善，校企合作水平有待提高

（1）实习实训体系完善。实训基地是高职教育对学生实施职业技能训练和职业素质培养的必备条件，是提高高职人才培养质量的关键。绿色建筑相关建筑类专业的实习实训有专业认知实习、专项实训、综合实训、跟岗实习、顶岗实习和毕业实习。所有学生都建立了与专业相匹配的校外实训基地，校内实训基地的软硬件条件都比较齐全完善，能够满足人才培养需求。但是绿色建筑相关的实训室几乎没有。如表3-38所示。

表 3-38　绿色建筑对应及相关专业实习实训统计表

序号	专业名称	实训课程
1	工程造价	工程造价综合实训、建筑工程计量与计价实训、建筑工程制图实训、建筑构造与识图、建筑工程测量实训、建筑施工组织与管理实训、建筑CAD实训、建筑工程招投标与合同管理实训、建筑工程招投标与合同管理实训、建筑设备与识图实训、建筑施工图绘制实训、跟岗实习、工程造价实训、毕业设计、顶岗实习
2	建筑工程技术	材料检测实训、建筑工程软件应用实训、建筑工程测量实训、建建筑工程资料编制实训、建施工技术远程现场实训、建筑工程招投标实训、装配式实训、建筑工程仿真软件应用实训、跟岗实习、顶岗实习、毕业设计（论文）
3	建筑工程管理	工程造价实训、建筑工程软件应用实训、建筑设计实训、建筑工程仿真实训、招投标实训、建筑工程测量实训、工程管理综合实训、工程咨询工作、建筑信息模型（BIM）技术实训、建筑模型沙盘实训、远程现场教学实训、跟岗实习、顶岗实习、毕业设计实训
4	建筑智能化工程技术	建筑工程软件应用实训、建筑工程仿真实训、建筑工程招投标实训、建筑工程测量实训、工程造价咨询工作、建筑信息模型（BIM）技术应用实训、工程造价实训、跟岗实习，顶岗实习、毕业设计（论文）
5	供热通风与空调工程技术	计算机制图实训、管道钣金加工实习、供热课程设计、锅炉课程设计、通风课程设计、制冷课程设计、给排水课程设计、空调课程设计、预算科创设计、设备维修实训、综合设计实训、顶岗实习、毕业设计（论文）

（续表）

序号	专业名称	实训课程
6	建筑电气工程技术	建筑供电与照明实训、建筑弱点应用技术实训、建筑电气控制技术实训、建筑电气施工组织与管理实训、建筑电气CAD实训、物业管理实训、专业技能强化训练、专业实践、顶岗实习、毕业设计（论文）
7	建筑钢结构工程技术	企业体验实习、测量实训、CAD制图实训建筑施工图识读实训、土建操作实训、建筑工程计量与计价实训、岗位技能培训、顶岗实习、毕业设计（论文）
8	建筑设备工程技术	机械制图实训、工程测量实习、建筑概论实习、建筑电气工程设计、设备安装技术实习、运行管理实习、建筑给排水课程设计、供热工程课程设计、生产实习、空调用制冷技术课程设计、安装工程预算课程设计、综合实验、顶岗实习、毕业设计（论文）
9	建筑室内设计	CAD制图实训、识岗实习、设计素描实习、工程制图实习、建筑效果图表现技法实习、室内装饰构造与施工实习、3D实习、PS实习、模型与沙盘制作实习、顶岗实习、毕业实习
10	建筑装饰工程技术	建筑装饰居住空间设计、建筑装饰工程概预算实训、建筑装饰施工工艺实训、建筑装饰公共空间设计、创新创业实践、CAD实训、3D实习、PS实习、顶岗实习、毕业实习

（2）深度的校企合作水平较低，合作模式单一。在对校企合作的调查中发现，校企合作形式有共建课程、共建工作室、订单培养、现代学徒制培养、共建产业学院、顶岗实习等，订单培养合作模式占5. 6%，现代学徒制合作模式占1. 3%，共建产业学院占0. 23%，共建课程占94. 6%，共建教材占91. 2%，顶岗实习模式占100%，产学研模式占10. 3%，共建工作室占20. 5%。各种合作模式如图3-53所示。

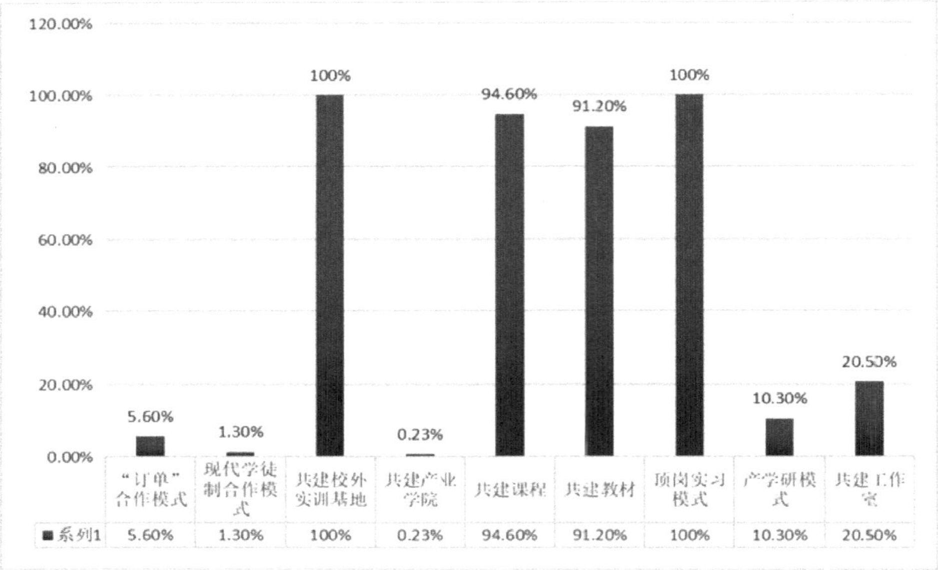

图 3-53 校企合作模式

3.6.6 "1+X"证书制度稳步实施，但取证率比较低

2019年，教育部、国家发展改革委、财政部、市场监管总局联合印发了《关于在院校实施"学历证书+若干职业技能等级证书"制度试点方案》，自从开展"学历证书+若干职业技能等级证书"（简称1+X证书）制度试点工作以来，教育部共公布了四批次证书名单。其中与绿色建筑相关的证书有11个，如表3-39所示。

表 3-39 "1+X"证书与不同层次专业的对应表

证书编号	证书名称	对应的高职本科专业	对应的高职专科业	对应的中职专业
1-1	建筑信息模型(BIM)	建筑设计、土木工程	建筑工程技术、建筑智能化工程技术	建筑工程施工、市政工程施工、道路与桥梁工程施工
3-15	建筑工程识图	建筑设计、风景园林、土木工程	供热通风与空调工程技术、建设工程管理、建筑工程技术、建筑设备工程技术	建筑工程施工、市政工程施工、道路与桥梁工程施工

（续表）

证书编号	证书名称	对应的高职本科专业	对应的高职专科专业	对应的中职专业
3-16	装配式建筑构件制作与安装	建筑设计、土木工程	建筑钢结构工程技术、建筑工程技术	建筑工程施工、建筑设备安装、楼宇智能化设备安装与运行
4-11	建设工程质量检测	建筑设计、土木工程、工程管理	建筑工程技术	建筑工程施工、市政工程施工、工程材料检测技术、建筑与工程材料
4-12	装配式混凝土预制构件质量检验	土木工程、工程管理	建筑工程技术	建筑工程施工、工程材料检测技术、建筑与工程材料
4-33	土木工程混凝土材料检测	土木工程、工程管理	建筑工程技术	建筑工程施工、市政工程施工、道路与桥梁工程施工、工程材料检测技术、建筑与工程材料、硅酸盐工艺及工业控制
4-116	工程造价数字化应用	工程造价	工程造价	工程造价
4-118	建筑工程施工工艺实施与管理	建筑设计、土木工程、工程管理	供热通风与空调工程技术、建设工程管理、建筑电气工程技术建筑工程技术	建筑工程施工
4-121	建筑装饰装修数字化设计	风景园林、土木工程	建筑工程技术、建筑室内设计、建筑装饰工程技术	建筑装饰
4-122	室内设计	土木工程	建筑工程技术、建筑室内设计、建筑装饰工程技术	建筑装饰
4-123	智能建造设计与集成应用	土木工程	供热通风与空调工程技术、建筑电气工程技术、建筑钢结构工程技术、建筑智能化工程技术	建筑工程施工、建筑设备安装、楼宇智能化设备安装与运行

该方案实施后，解决了长期以来职业院校人才培养中关于双证书的难题，各高职院校陆续展开了“1＋X”证书的试点申报和证书认定工作，考取率排到前三位的是建筑工程识图、工程造价数字化应用和建筑信息模型（BIM），分别为75.68%、60.63%、44.8%。

3.7 绿色建筑（类）专业设置和人才培养面临的问题及建议

3.7.1 在专业调整中存在“市场主导”“功利主义”

职业学校在专业设置过程中，存在“市场主导”和“功利主义”现象。例如，工程造价专业在专业点数和招生人数上都是最多的，但是一个企业工程造价一般需要3～4人，显然对于一个企业来说工程造价岗位不是需求最多的专业。在调研中发现建筑设备工程师是紧缺岗位，但是，不论从专业点数还是招生人数来说，它都是10个专业中最少的，建议学校增加设备类专业点数和招生人数。

3.7.2 专业设置还不能很好地适应绿色建筑发展需要

按照国家制定的碳排放达峰行动方案目标，二氧化碳排放力争于2030年前达到峰值，努力争取2060年前实现碳中和。伴随国家大的方针政策的落实，结合区域经济绿色发展要求，进行绿色低碳职业教育。建议引入行业企业专家共建绿色建筑领域专业建设委员会，行业企业专家人数占专业建设委员会的1/2，充分发挥行业企业专家绿建行业背景优势，参与专业调整论证、人才培养方案制订、绿建相关课程建设和绿建实训室建设，形成符合绿色建筑产业发展的专业群、课程体系和人才培养模式。

3.7.3 相关绿色建筑课程单一，教学内容绿色低碳内容较少

在课程调查中发现，各个专业的绿色建筑相关课程非常少，开出比只有2%左右。建议设置绿建相关的绿色低碳课程，增加绿色建筑教学内容。绿色建筑

是建筑发展的必然趋势，未来相关职业岗位将在传统的建筑类专业基础上转型升级，从绿色建筑设计、生产、施工、管理、质量监管，到绿色建筑工程造价、建筑与装饰材料、物业管理、运营维护等相关环节增加绿色建筑相关内容。职业岗位也将发生变化，主要有绿色建筑方面的深化设计员、施工技术员、监理员、材料员、试验员、质量员、造价员、信息技术管理员、建筑模型设计员、物业管理员、楼宇智能设计员、构件生产工等绿建职业岗位。因此，按照“岗课赛证”一体的课程建设理念，必然对课程进行绿色升级，建议开设建筑节能技术、绿色建筑概论、绿色建筑设计概论、绿色建筑评价等绿建课程，对传统课程内容进行绿色化升级，使绿色低碳与教学过程有机结合。总结分析调查数据信息提出的建议，如表3-40所示。

表 3-40　课程内容绿色升级建议

课程名称	建议
专业文化培养课	1. 材料认知中，加入绿色新型建材，了解低碳环保的新型建筑材料，以及应用范围 2. 在建筑最前沿技术的初步认知中，介绍装配式建筑、绿色建筑、被动房技术
建筑工程招投标与合同管理	1. 在招投标进行过程中，能够利用绿色建筑、绿色材料、绿色技术编制标书 2. 合同条款中增加低碳环保、绿色建筑技术指标条款解读 3. 评标过程中对于低碳和绿色新技术的评价分析 4. 投标中注意碳达峰对新技术、新工艺、新材料等方面的条款要求
BIM建模技术	1. 使用BIM软件进行绿色建筑综合设计 2. 绿色建筑申报用BIM建模软件展示应用 3. 低碳设备建模技术用BIM软件实现
建筑施工技术	1. 被动房节能施工技术应用 2. 外墙保温隔热技术 3. 低碳环保设备施工技术 4. 季节性施工的节能环保绿色施工技术
建筑施工组织与管理	1. 施工组织绿色施工有关制度法规介绍 2. 施工过程减少二次搬运、降低能耗施工组织要求与措施 3. 现场临时设施临时建筑的低碳节能要求 4. 施工现场降低能耗，节能工法，节水、节电、节材、节地组织方式 5. 施工环境节能环保绿色施工组织管理

（续表）

课程名称	建议
建筑工程质量与安全管理	1. 绿色建筑的质量标准 2. 质量管理中低碳环保意识的培养 3. 关于墙体技能低碳指标要求 4. 绿色建筑安全施工管理
建筑供暖通风供配电	建筑供暖通风供配电等方面的节能减排技术
顶岗实习	1. 形成碳达峰、碳中和、绿色施工实习意识 2. 企业低碳和绿色施工管理制度学习 3. 实习中绿色建造技术的应用 4. 装配式、被动房等新型建筑形式的学习实践要求 5. 施工现场绿色施工技术的实践顶岗

3.7.4 职业教育人才培养过程缺乏绿色低碳理念渗透

在对人才培养目标的调查过程中发现，绿色低碳理念不明确，人才培养过程中也没体现，显然与当前“双碳计划”背景不适应。建议建立全过程渗透绿色低碳职业教育理念。

结合专业特色，做好起步的“一”。在大一新生入学时开设专业文化培养课程，课程内容根据专业培养方向、涉及的工作内容、就业方向、国家政策导向、建筑行业的低碳环保等方面进行引导教学，通过绿色建筑、绿色施工管理提倡节能减排，使学生确立碳排放和碳达峰的基本观念，这是国家对世界的承诺，也是对建筑行业新业态的新要求。要求专业文化培养课教师上课时根据专业特点对绿色低碳的建造方式、绿色节能的建筑形式、绿色低能耗的管理方法向学生进行全方位介绍，使绿色低碳的专业思想深入人心。

做好专业课程内容的融合渗透，完成“二”的实现途径。让学生通过大二的专业课程学习，懂得理论知识，掌握专业技能。在专业课程的课程标准中融入有关的绿色低碳理念。例如在BIM建筑建模技术课标中融入绿色建筑综合设计，要求学生树立低碳环保意识，加强对建筑节能、绿色建筑、新型绿色材料的认识理解。在建筑施工组织课程中，加强减少物料构件的二次搬运、减少运距、土方调配等涉及绿色低碳方面的教学。又如，在建筑工程质量安全管理课程中，融入绿色低碳思政元素，与国家的政策方针结合，注重降低大气污染、节水、降低固体废弃物排放，减少扬尘噪音，加强施工现场的环境管理，做到绿色施工文明施工。

做好顶岗环节的指导实践，完成“三”的实践过程。在学生第三年的顶岗实习中，要求学生把绿色低碳的理念践行于工作中，认真对待工作的各个环节，在材料选择、施工内容安排、工作质量控制、施工现场的布局、现场作业照明、机械能耗政策制定等方面，引入绿色低碳思想，做到全过程、全方位考虑。通过自己的实际工作来完成节能减排，为绿色低碳的建筑工程施工作出自己的贡献，为实现2030年碳排放达峰值，2060年提前完成碳中和远景目标而努力。

第4章　技术技能人才需求与职业院校人才培养匹配分析

4.1 技术技能人才需求与职业院校专业设置匹配分析

4.1.1 职业院校专业布点与产业布局基本匹配

绿色建筑行业发展离不开经济基础的支撑，市场规模与本地区的经济发展水平密切相关。华东等六大区域绿色建筑产业规模布局的调查数据显示，华东地区的绿色建筑建设项目最多，市场规模最大，绿色建筑市场规模从大到小的顺序依次为华东、西部、华南、华北、华中、东北，如图4-1所示。

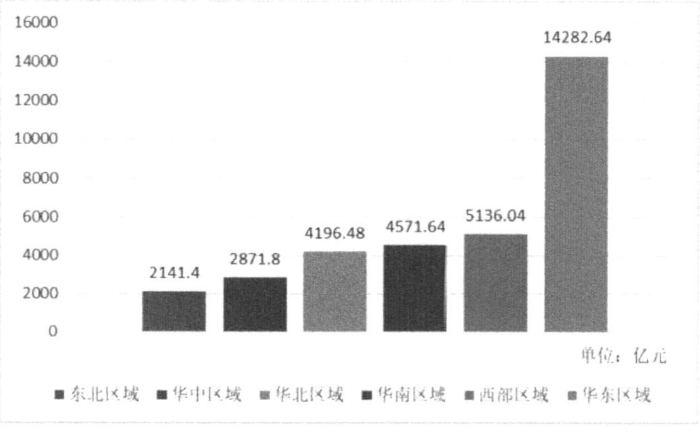

图 4-1　绿色建筑行业六大区域产业布局

华东等六大区域的专业布局调查数据显示，职业院校专业布点主要集中在华东、西部和华中地区，专业布点数从多到少的顺序依次为华东、西部、华中、华北、华南、东北，如图4-2所示。

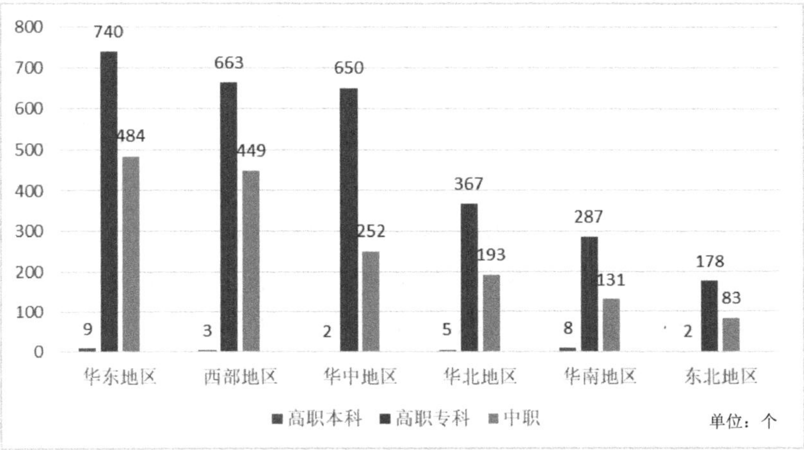

图 4-2　六大区域绿色建筑对应及相关专业点分布

华东地区的产业规模最大，为14282.64亿元，其职业院校专业布点数最多，为1233个；东北地区产业规模最小，为2141.40亿元，职业院校专业布点数最少，为263个。通过对比分析发现，职业院校的专业布局与产业规模布局基本匹配。

4.1.2 人才需求规模与人才培养规模不匹配，高职本科缺口较大

绿色建筑技术技能人才需求预测数据显示，绿色建筑行业技术技能人才需求总量为210.72万人，职业院校培养规模为140.1375万人，绿色建筑行业人才缺口总量为70.58万人。其中，职业本科院校培养毕业生为3.263万人，技术技能人才需求为55.45万人，职业本科人才缺口为52.187万人。职业专科院校培养毕业生为69.2531万人，技术技能人才需求为83.09万人，人才缺口为13.84万人；中职院校培养毕业生为42.3519万人，技术技能人才需求为72.09万人，人才缺口为29.74万人。从分析结果看，各个学历层次的技术技能人才都有缺口，其中高职本科缺口较大。

4.1.3 专业群与企业岗位群基本匹配，专业群覆盖全产业链

绿色建筑产业上游企业有房地产开发企业、规划设计院、环境服务管理企业、绿色建筑咨询服务企业等；中游企业有装配式构件工业化生产企业、成品化卫生间等部品生产企业、预制混凝土加工制作企业、绿色建筑施工企业、绿色建筑工程质量检测企业等；下游企业有建筑产品维修企业、建筑产品及旧材料回收企业、智慧节能运营管理企业、专业化能源服务企业等。绿色建筑产业上游、中游和下游的企业所需的不同层次岗位群如表4-1所示，与2021年职业本科、职业专科和中职专业目录进行对比发现，专业群与企业岗位群基本匹配，最新职业教育专业目录中各层次的专业设置基本涵盖了绿色建筑上游、中游、下游企业所需岗位群，具体分析如下。

中职层次设置有工程造价、新型建筑材料生产技术、建筑材料智能化生产技术等专业，与产业链上游企业的岗位群对接。建筑工程施工、建筑装饰技术、市政工程施工、道路与桥梁工程施工等专业与产业链中游企业的岗位群对接；建筑水电设备安装与运维、建筑智能化设备安装与运维、建筑材料检测技术等专业与产业链下游企业的岗位群对接。

职业专科层次设置有建筑室内设计、建设工程管理、工程造价等专业，与产业链上游企业的岗位群对接。建筑工程技术、建筑钢结构工程技术、供热通风与空调工程技术、建筑电气工程技术、建筑装饰工程技术等专业，与产业链中游企业的岗位群对接。建筑设备工程技术、建筑智能化工程技术等专业，与产业链下游企业的岗位群对接。

职业本科层次设置的专业有在2021年以前只有建筑设计、风景园林、土木工程、工程造价5个与绿色建筑对应或相关的专业设置，与产业链匹配度较低。但是，2021年最新的专业目录中设置的专业覆盖了产业链的上、中、下游企业所需求的岗位。建筑设计、风景园林、建设工程管理、建筑环境与能源工程等专业，与上游企业的岗位群对接；建筑工程、建筑装饰工程、建筑电气与智能化工程、智能建造工程等专业，与中游企业的岗位群对接；建筑智能检测与修复、城市设施智慧管理等专业，与下游企业的岗位群对接。

表 4-1　职业院校专业设置与绿色建筑产业链匹配情况

产业链	企业类型	职业院校	企业岗位群	开设专业群
上游产业	房地产开发企业	高职本科	土建工程师、水暖工程师、电气工程师、造价师、BIM工程师	工程造价、建筑设计
		高职专科	造价员、技术员、策划专员、招投标专员、BIM建模员	工程造价、建设工程管理、建筑室内设计
		中职	营销专员、合同管理专员、资产管理专员	工程造价
	建筑设计企业	高职本科	建筑设计师、结构设计师、设备设计师、电气设计师、BIM设计师、钢结构设计师、幕墙设计师、装配式建筑深化设计师	建筑设计、工程造价、园林景观工程
		高职专科	施工员、设计员、技术员、质检员、安环员、BIM建模员	工程造价、建筑工程技术、建筑智能化工程技术
		中职	制图员、材料员、测量员	工程造价
	建筑研发企业	高职本科	装配式建筑工程师、被动式超低能耗建筑研发工程师、绿色建筑咨询师	建筑设计、工程造价
中游产业	建筑施工总承包企业	高职本科	智能建造师、BIM工程、项目经理、技术负责人、生产经理	建筑工程、工程造价、建设工程管理
		高职专科	装配式建筑施工员、技术员、质检员、安环员	建设工程管理、建筑工程技术、建筑智能化工程技术、工程造价、建筑电气工程技术、供热通风与空调工程技术、建筑钢结构工程技术、建筑设备工程技术、建筑装饰工程技术
		中职	测量员、材料员、资料员智能建筑设备、操作员	建筑工程施工、建筑装饰、工程造价、建筑设备安装、市政工程施工、道路与桥梁工程施工
	建筑专业分包企业	高职本科	给排水工程师、暖通工程师、幕墙工程师、机电工程师、弱电智能化工程师、消防工程师	建筑工程、工程造价、建设工程管理

（续表）

产业链	企业类型	职业院校	企业岗位群	开设专业群
中游产业	建筑专业分包企业	高职专科	装配式建筑施工员、技术员、质检员、安环员	建设工程管理、建筑工程技术、建筑智能化工程技术、工程造价、建筑电气工程技术、供热通风与空调工程技术、建筑钢结构工程技术、建筑设备工程技术、建筑装饰工程技术
		中职	测量员、预算员、材料员、资料员、智能建筑设备操作员	建筑工程施工、建筑装饰、工程造价、建筑设备安装、市政工程施工、道路与桥梁工程施工
	绿色建筑建造企业	高职本科	工程师、装配式建筑深化设计师、BIM设计师	建筑工程、工程造价、建设工程管理
	绿色建筑建造企业	高职专科	技术员、质检员、设计员、中控室操作员	建设工程管理、建筑工程技术、建筑智能化工程技术、工程造价、建筑电气工程技术、建筑钢结构工程技术、建筑设备工程技术
		中职	智能设备操作员、环保专员、安全专员、制图员	建筑工程施工、工程造价、建筑设备安装、市政工程施工、道路与桥梁工程施工
下游产业	绿色建筑运营管理企业	高职本科		建筑工程、园林景观工程
		高职专科	智能设备巡检员、材料员	建筑智能化工程技术、建筑供热通风与空调工程技术、建筑设备工程技术、建筑电气工程技术
		中职		硅酸盐工艺及工业控制、楼宇智能化设备安装与运行、建筑设备安装

4.2 人才需求与职业院校人才培养质量匹配分析

4.2.1 专业人才培养目标定位明确，课程内容与发展趋势有一定差距

调查发现，各层次职业院校专业人才培养目标均明确了德智体美劳全面发展的目标要求，就业面向全面，培养层次精准。培养目标包括素质目标、能力目标和知识目标，其中能力目标包括职业基本能力、专业核心能力和其他（岗位适应）能力，基本能够以职业能力培养为主线，将素质教育和创新创业教育贯穿于人才培养全过程，开设了专业平台课程、专业核心课程以及专业拓展课程。但是，随着新材料、新技术、新设备、新工艺在绿色建筑行业的应用，绿色建筑行业向信息化、工业化和智能化方向发展，职业院校的绿色建筑专业课程、教学内容与绿色建筑行业发展趋势还存在一定差距：一是职业院校的绿色建筑专业课程开设比例较低；二是传统专业课程，针对绿色建筑发展教学内容更新较少；三是针对培养学生“四节一环保”的职业素质的训练课程较少，绿色建筑理念认识不足，与绿色建筑的培养目标和当前“双碳计划”不适应。

4.2.2 专业能力素质与岗位能力素质基本匹配，但与新技术发展有一定差距

职业院校专业能力素质培养基本满足企业岗位能力素质需求。但是，随着绿色建筑工业化、数字化、智能化等新技术不断发展，出现了BIM工程师、装配式建筑深化设计师、绿色建筑工程师等新岗位，对岗位能力素养提出新的要求。例如，随着装配式建筑技术和BIM信息化技术的应用，建筑工程技术专业需要培养装配式建筑深化设计能力、BIM建模能力、依据BIM模型计算工程量能力、依据BIM模型设计招投标文件的能力和依据BIM模型进行管线的碰撞检验能力等，以满足新岗位能力素养需求。但是，课题组调查发现，职业院校专业对应的岗位群包括施工技术、工程管理等传统岗位，没有涵盖绿色建筑设计与咨询、装配式建筑、智能建造、被动式建造等新兴岗位群，导致职业院校专业能力素质的培养与企业岗位能力素养需求有一定差距，与新技术发展有一定的脱节。

4.2.3 实习实训体系完善，校企合作水平有待提升

实训基地是高职教育对学生实施职业技能训练和职业素质培养的必备条件，是提高高职人才培养质量的关键。绿色建筑对应专业及相关专业的实习实训包括专业认知实习、专项实训、综合实训、跟岗实习、顶岗实习和毕业实习，目前已建立了与专业相匹配的校外实训基地，实习实训体系完善。但是，企业与职业教育的形式主要停留在实习、实训环节，企业全程与人才培养的深度不够，企业学院、产业学院、特色现代学徒制等深度合作项目较少，产教融合、校企合作水平有待提高。

4.3 绿色建筑行业技术技能人才供求面临问题与挑战

随着国家产业结构调整不断深入，建筑行业践行绿色节能理念持续推进，装配式建筑成为国家战略，产业人才缺口逾千万，人才匮乏已成为行业发展的一大瓶颈，特别是BIM技术、3D打印、VR技术、物联网、建筑机器人等新型技术人才非常缺乏。

4.3.1 新技术新变化对高层次、复合型人才提出新要求

随着绿色建筑行业信息化、智能化的不断发展，以人工智能(AI)、BIM、物联网、装配式建筑、云计算、大数据等为主要特征的建筑工业4. 0时代正席卷全球，我国的装配式建筑行业也正在迎接数字化、信息化、智能化的发展大潮，使得企业对高层次、复合型人才的需求数量与质量也提出了更高的要求，这势必给职业院校各专业人才培养的目标、专业课程内容调整优化、教学模式等一系列教学活动带来较大影响和挑战。为适应就业岗位的新需求，结合高职院校职业教育的特点和培养目标，建立高层次、复合型人才培养体系，需要调整、改革绿色建筑类各专业课程内容和教学模式，强化实训，提升学生的职业能力。

4.3.2 高层次技术技能人才培养不能满足绿色建筑发展需求

我国建筑业的发展正朝着建筑现代化的方向迈进，建筑部品化、绿色化、智能化成为重要发展方向，建筑工业化的比重在持续提升，智慧工地在快速普及，机械化、数字化、智能化被越来越多的建筑企业接受。随之而来，绿色建筑企业所需的高层次技术技能人才供给将面临挑战。我国绿色建筑高职本科起步比较晚，2020年只有5个绿色建筑相关专业招生，绿色建筑行业的高层次技术技能人才供需矛盾突出，主要表现在装配式建筑技术、BIM技术和建筑智能化这三个领域，不能满足现代化绿色建筑发展需要，加快培养绿色建筑高职本科层次技术技能人才面临更大的挑战。

4.3.3 绿色建筑“双师型”教师队伍培养

各专业师资队伍的年龄结构以硕士以上中青年教师为主，双师型教师比例较低，具有直接企业经历的教师只有20%左右，具有绿色建筑生产一线经历的教师少之又少，高职院校的教师很多是大学毕业后直接在院校任教的，没有实践工作经验，因此加强“双师型”队伍建设是绿色建筑人才培养面临的普遍问题。

4.3.4 职业院校与绿色建筑相关企业合作深度有待加强

产教融合是职业教育的重要环节。职业教育需要通过产教融合、校企合作来培养技术技能人才。多年来，绿色建筑相关企业与职业教育产教融合、校企合作也开展了一定形式的合作，比如“订单班”培养模式、现代学徒制等。但主要停留在企业提前招工、企业培训师进课堂授课等方面，而在校企合作共建“产业学院”“企业学院”“产教融合生产性实训基地”“教师企业实践”，特色现代学徒培养等方面比较薄弱。存在行业企业全程参与人才培养的深度和广度不够、产教融合度不深、企业积极性不高等问题，导致技术技能人才培养的适应性不强，影响职业院校人才供给的质量。如何充分利用绿色建筑行业、相关企业和职业院校有效资源，进行整合优化，创新模式产教深度融合、校企深度合作模式，建立校企协同共建机制等面临比较大的挑战。

4.4 职业院校专业设置的优化意见与政策建议

住房和城乡建设部发布的《“十四五”建筑业发展规划》明确，“十四五”时期，我国要初步形成建筑业高质量发展体系框架，建筑市场运行机制更加完善，工程质量安全保障体系基本健全，建筑工业化、数字化、智能化水平大幅提升，建造方式绿色转型成效显著，加速建筑业由大向强转变。绿色建筑行业的快速发展，对绿色建筑对应及相应专业技术技能人才需求的数量和质量都提出了更高要求。为保证我国绿色建筑行业持续、快速、健康的高质量发展，需动态分析和调整绿色建筑行业技术技能人才供给数量、结构、质量层次与企业的需求相匹配，不断提升绿色建筑技术技能人才培养的适应性。

4.4.1 职业院校绿色建筑专业设置的优化意见

（1）建立定期评估人才培养方案制度，及时调整课程体系、更新教学内容

现代化、工业化、集成化和信息化是绿色建筑发展必然趋势，绿色建筑上、中、下游企业的生产模式、管理模式和运营模式不断创新，对技术技能人才培养质量提出了更高要求。建议充分发挥行业职业教育教学委员会和专业建设委员会的作用，建立定期评估人才培养方案制度，邀请行业企业专家与职业教育专家，定期评估和完善专业人才培养方案，根据绿色建筑行业新技术、新设备、新工艺应用趋势，分析由于新技术发展带来的岗位典型职业活动变化和典型职业能力变化，明确绿色建筑设计与咨询、装配式建筑、智能建造、被动式建造等新兴岗位能力素质需求，及时增设相应的专业课程，更新课程教学内容，不断适应绿色建筑新技术发展对技术技能人才的需求。

（2）发挥课程思政引领作用，强化“四节一环保”职业素养与职业技能融合培养

以学生为中心，构建绿色建筑职业素养与专业技能融合培养机制。一是以立德树人为根本，构建思政理论课程、综合素养课程、专业课程三位一体

的思政教育课程体系，把思想政治教育和“四节一环保”职业素养贯穿教育教学全过程；二是将绿色建筑职业素养培养体现在专业人才培养全过程中，在课程教学、实习实训中精心设计“四节一环保”素养培养内容，实现职业素养培养与技术技能的全融合；三是构建“入学教育—社会实践—实习实训”一体化的“四节一环保”职业体验体系，聘请绿色建筑专家兼职学生导师制度，通过师带徒的形式，让学生在专业技能培养的同时，“润物细无声”地促进职业素养的养成。

（3）加强校企协同育人共同体建设，不断深化产教融合、校企合作

坚持“服务、融入、引领”的建设理念，以推进校企双元协同育人为主线，重点推进职业教育集团化办学和混合所有制办学改革，深化现代学徒制培养模式，形成“产中有教、教中有产”产教融合新生态。建设示范性虚拟仿真实训基地，探索实体化运作的高端、共享、灵活的职教集团产教融合平台，共建企业学院、产业学院，创新校企协同育人模式，不断深化产教融合、校企合作，提高学生的职业技能和就业能力，加快“双师型”教师队伍的培养。

4.4.2 职业院校绿色建筑专业设置的政策建议

（1）加快构建科学合理的绿色建筑现代职业教育体系

构建绿色建筑现代职业教育体系，打通从中职、专科、本科到研究生的上升通道，是彻底打破中职、高职成才“断头路”局面的有效措施，为进一步创新职业教育模式奠定坚实基础。希望教育行政部门出台相关政策：一是统筹协调中职、高职专科、高职本科绿色建筑职业教育发展，以课程衔接体系为重点，促进培养目标、专业设置、行业指导、集团化办学等领域相衔接，切实增强技术技能人才培养的针对性、系统性；二是推动绿色建筑职业教育与继续教育相互沟通，实行全日制教育与非全日制教育并重；三是基于绿色建筑上、中、下游产业人才需求，构建绿色建筑相关专业“中职—高职—本科层次职业教育—研究生层次职业教育”的完整职业教育体系，打通从生产、服务一线的技术技能人才到复合型人才与创新型人才的培养“立交桥”，建立科学、合理的现代绿色建筑人才队伍结构，提高职业教育人才培养适应性。

（2）出台相关政策，支持高职本科设置相关专业、扩大招生规模

随着绿色建筑新理念、新技术、新工艺、新设备的发展，高素质绿色建筑技术技能人才缺口巨大，特别是高层次绿色建筑技术技能人才供需矛盾更加突出，不能满足现代绿色建筑行业的发展需求。希望教育行政部门出台相关政策，支持高职本科层次开设绿色建筑相关专业，扩大绿色建筑对应及相关专业招生规模，优化专业布局，激励引导学生报考职业院校绿色建筑相关专业，缓解绿色建筑行业对高层次技术技能人才供给不足问题。

（3）出台相关政策，鼓励行业企业深度参与人才培养全程

构建适应经济社会发展方式转变的绿色建筑现代职业教育体系，离不开行业的指导，希望行业职业教育教学指导委员会（简称行指委）创新运行机制，充分发挥行指委连接职业教育与产业的桥梁和纽带作用，密切教育与产业的联系，鼓励引导绿色建筑企业深度参与职业教育人才培养全过程。一是构建校企合作长效机制，逐步提高企业参与办学程度，充分调动绿色建筑行业企业参与产教融合的积极性和主动性；二是发挥行业企业人才、设备等优势，进一步扶持行业企业联合开发优质教育资源；三是鼓励职业院校和企业合作办学，建设实体化运行的职教集团，深入推进产教融合、校企合作，提高绿色建筑行业企业参与职业教育的深度和广度。